设计思维实验丛书

设计思考

——创新思维能力开发

（第二版）

DESIGN THINKING

The development of innovative thinking ability

（2nd Edition）

叶　丹　编著

中国建筑工业出版社

图书在版编目（CIP）数据

设计思考——创新思维能力开发/叶丹编著. —2版.
北京：中国建筑工业出版社，2017.4
（设计思维实验丛书）
ISBN 978-7-112-20628-5

Ⅰ.①设… Ⅱ.①叶… Ⅲ.①设计学 Ⅳ.①TB21

中国版本图书馆CIP数据核字（2017）第060724号

设计，本质上是一系列创造性的思维活动，如何提高设计初学者的创造能力是重要的研究课题。本书从设计专业教学的特点出发，给出了图解思考法、概念思考法等十个有效的思维工具，以及这些理论原理、课堂训练的方法和示例，这些工具有助于设计师进行创造性的活动。此外，也可作为其他专业开拓思维而进行的训练之用。适用于艺术设计院校师生及相关读者。

责任编辑：李东禧　唐　旭　吴　绫
责任校对：王宇枢　焦　乐

设计思维实验丛书
设计思考
——创新思维能力开发
（第二版）
叶　丹　编著
*
中国建筑工业出版社出版、发行（北京海淀三里河路9号）
各地新华书店、建筑书店经销
北京京点图文设计有限公司制版
北京顺诚彩色印刷有限公司印刷
*
开本：787×960毫米　1/16　印张：10　字数：177千字
2017年5月第二版　2017年5月第四次印刷
定价：38.00元
ISBN 978-7-112-20628-5
（30226）

目　录

第1章 视觉思考

· 教学内容：感知觉思维的理论和方法。

· 教学目的：1. 提高感官知觉能力，学会用视觉和动觉思维方式进行观察、联想和构绘；

2. 提高对生活的敏感度，激发对周边事物的好奇心；

3. 通过眼睛观察、动脑思考、动手制作的过程，加深对设计的认识与理解，为后续学习打下良好的基础。

· 教学方式：1. 用多媒体课件作理论讲授；

2. 学生以小组为单位，进行实物观察、构绘，教师作辅导和讲评。

· 教学要求：1. 通过学习视觉思维理论，掌握观察构绘的方法，提高思维的灵活度；

2. 加强感觉表象的存储和利用视觉意象转化的训练，以提高和丰富想象力；

3. 学生要利用大量课外时间去图书馆、上网搜寻和选择动植物资料。

· 作业评价：1. 敏锐的感知觉能力及清晰的表达；

2. 能体现思考过程，而不是对某现成品的模仿；

3. 构思新颖，视角独特。

· 阅读书目：1. [瑞士]皮亚杰. 发生认识论原理[M]. 王宪钿等译. 北京：商务印书馆，1997.

2. [美]鲁道夫·阿恩海姆. 视觉思维[M]. 滕守尧译. 四川人民出版社，1998.

3. [英]东尼·博赞. 思维导图[M]. 周作宇等译. 北京：外语教学与研究出版社，2005.

1.1 设计思维

设计——本质上是一系列创造性的思维活动。所以，初学者最想了解的是：面对复杂而不确定的问题，设计者是如何思考的?

“思考”是动词，“思维”是名词，本书更多地把“思考”当作过程来理解。

“思考”、“思维”和“设计”一样被广泛地应用在日常生活中，常常有这样的说法：

“值得思考的是我们是如何走到今天这一步的？”——这是一种回忆；

“金融危机后的思考”——这是一种反思；

“思考一下，下一步该怎么走？”——这里的“思考”意味着一种对今后的期望和推理。

“回忆”、“反思”、“期望”、“推理”这些词的背后都是在运用人类特有的想象力，“想象”和“设计”一样具有多样性和不确定性。

对“思维”的研究，其实就是对人类自身的研究。有关思维的系统研究却是20世纪的事。最初的行为主义心理学派试图从单纯的“刺激——反应”之间的直接关系来解释思考过程，认为思考实际上只是一种潜在的语言或者“自言自语”；发生认识论的创始人皮亚杰（Jean Piaget，1925年）从研究儿童思维发展过程后提出人类发展的本质是对环境的适应，这种适应是一个主动的过程。不是环境塑造了儿童，而是儿童主动寻求了解环境，在与环境的相互作用过程中，通过同化、顺应和平衡的过程，认知逐渐成熟起来；直到格式塔心理学派的出现对探索设计思维有了实质性意义。格式塔将“思考”更多的视为一种“过程”和“组织”，而不是一种机械化行为。格式塔的代表人物韦德海默（Max Wertheimer，1959年）认为，所谓解决问题就是去捕捉事物之间的结构性联系，通过重组发现一条解决问题的途径。他还进一步发现，这种对事物在心智层面上的重组，只有通过运用多种智力模式才能获得。

格式塔心理学家巴特利特（Batelite，1958）对人在脑海里是如何再现外部世界的方式进行研究，在其重要著作《思维：实验心理学和社会心理学研究》中提出了“图式”的观点。图式代表一种对过去经验的主动性总结，它可以用来构成和说明未来。在一系列实验中，巴特利特要求被试对象先用大脑记住一些图像，几周后再进行回忆，并重新绘制出来，以此证明了人对事物的记忆程度取决于对事物有所理解，甚至是欣赏，才会形成合适的图式。这与皮亚杰的《发生认识论》中的观点是相似的。

认知心理学家在研究中发现：思考与感知之间有许多相似之处。“假设思考有两个阶段：第一阶段思维非常活跃，就像计算机内部的运算一样，大致想法在看到或听到某些事物之前就已成形；第二阶段开始有意识的注意细节、深思熟虑，真正的思考工作是在该阶段完成的。第一、第二阶段的历程和发展，始终会以第一阶段被记住的事物以及被组织的方式为基础进行。认知理论非常关注人们组织和保存感知事物的方式。对某事回想不起来，类似于视而不见。感知和思考中注意力会引导我们的思路，因而对解决问题至关重要。”①

此外，从思维的类型上存在两种不同的特点：一种是理性的、合乎逻辑的思考过程；另一种是直觉的、充满想象的思考过程。这两种思考方式分别称为“收敛型”和“发散型”。收敛型思考要求具有推理和分析的技巧，以获得一个清晰正确的答案，这种能力一般认为多应用在科学研究中；发散型思维则采用跳跃的、不受限制的方法，以寻求多种可选择的方案，其中的方案很难有所谓的最佳方案。举个例子：如果征求“回形针的用途”，回答可以作搭扣、书签之类的，属于收敛型思维；如果回答蚊香支架、开锁钥匙之类的，就属于发散型思维。前者可以用“智商”来评价，后者用“创造力”来评价。由于设计很少会一下子找到好的解决方案，因此需要一个发散型的思考过程。但并不是说在设计过程中不需要收敛型思考，相反尤其在设计后期，收敛型思考起着相当重要的作用。

人类对“思维”的研究仅仅是开始。我们再对设计思维作探讨。（这里所指的设计思维指工业设计、建筑设计、包装设计、环境设计等）。其特征是既有逻辑思维，又有形象思维和非逻辑思维。设计过程虽然需要使用语言、尺度、计算等思维工具，但更多的是涉及形态、色彩、感觉、空间等内容，思维成果是图纸、模型等形象性的方案。由此看来，设计师在素材收集、构思表达、方案陈述等方面更多运用的是视觉思维。“视觉思维”的概念最初是由美国哈佛大学心理学教授鲁道夫 · 阿恩海姆（Rudolf Arnheim，1969年）在其同名专著中提出的。还首次提出了“视觉意象”（visual image）在人类的一般思维活动，尤其是创造性思维活动中的重要作用和意义。视觉思维不同于言语思维和逻辑思维，其创造性特征是：“一、源于直接感知的探索性；二、运用视觉意象操作而利于发挥创造性想象作用的灵活性；三、便于产生顿悟或诱导直觉，也即唤醒主体的无意识心理的现实性。”②

美国斯坦福大学教授、心理学家麦金（R. H. McKim，1982年）还提出了观看（vision）、想象（imagination）和构绘（composition）三种能力相结合的视觉思维教学模式。麦金认为视觉思维是借助三种视觉意象进行的：其一是“人们看到的”意象；其二是“用心灵之窗所想象的”；其三是“我们的构绘，随意画成的东西或绘画作品”。“虽然视觉思维可能主要出现在看的前前后后，或者仅仅出现在想象中，或者大量出现在使用铅笔和纸的时候，但是有经验的视觉思维者却能灵活地利用所有这三种意象，他们会发现观看、想象和构绘之间存在着相互作用”。[③]

好，实验课程就从“观察”开始（图1-1 ~图1-7）。

图1-1　注重观察，从整体到细部的描绘发现蔬菜也是有表情的

图1-2　从剖开的冬笋中观察到别样的自然结构，近距离的观察、触摸，有利于提高领悟力

图1-3　对蔬菜的观察，加入想象，动手做出一个新的意象

图1-4　再把这个意象拍下来作比对

实验课题01：观察—构绘—想象

· 以小组为单位，随机分发新鲜蔬菜；

· 要求从各个侧面仔细观察蔬菜，从形态、构造、色彩，以及神态等进行描绘；

· 查阅描绘对象的相关资料加以标注说明，作观察笔记；

·以此为想象对象物，用纸等材料进行三维构成，可采用麦比乌斯圈原理进行抽象构成（图1–5 ~图1–8）。

·时间：4小时。

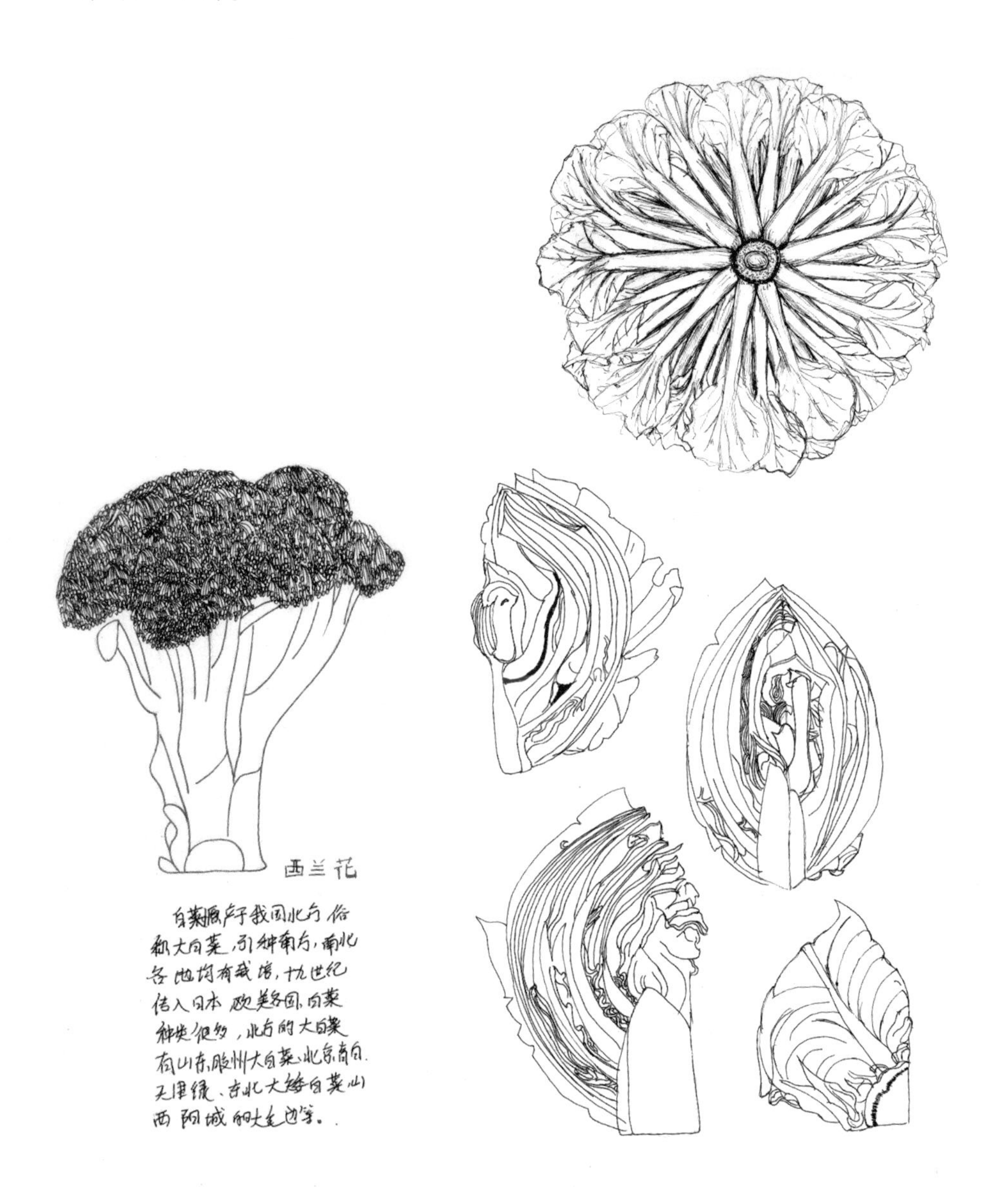

图1–5　蔬菜观察笔记　作者：裘洁燕、戴娅平、陈漾

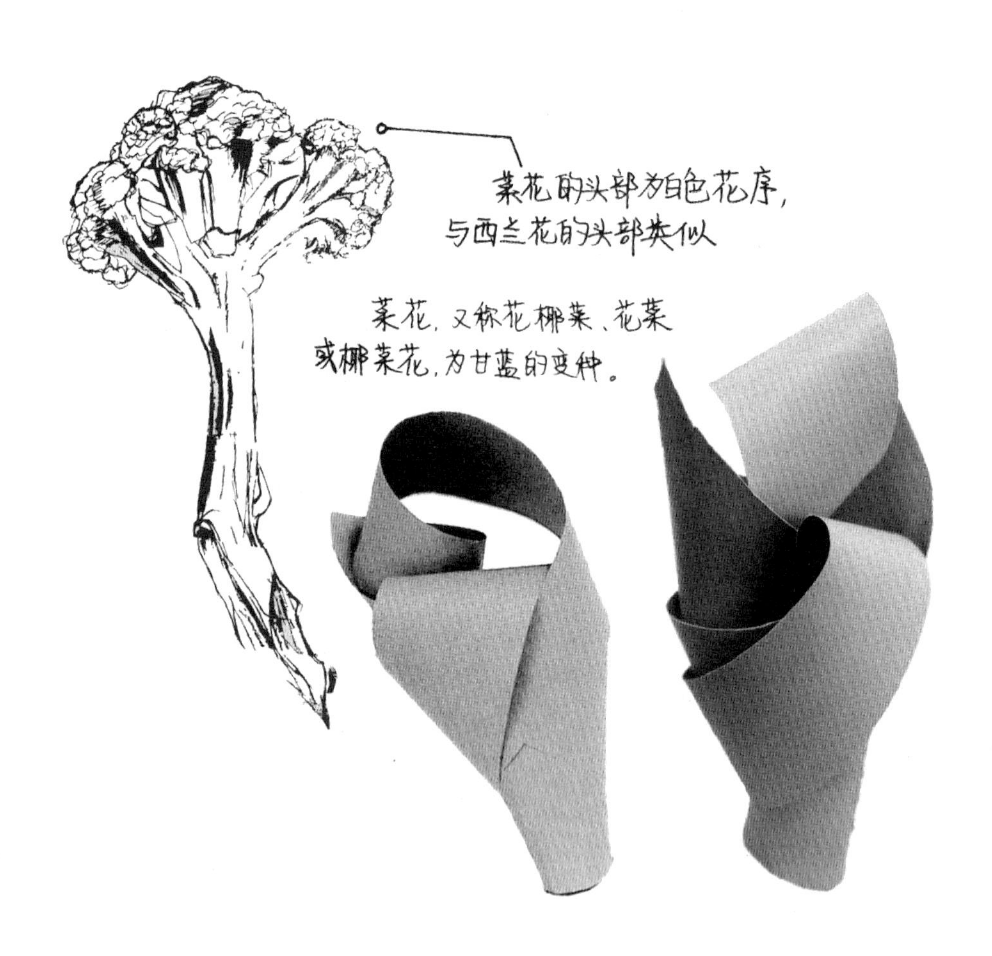

菜花的头部为白色花序，
与西兰花的头部类似
菜花，又称花椰菜、花菜
或椰菜花，为甘蓝的变种。

图1-6　花菜的意象　作者：王楠

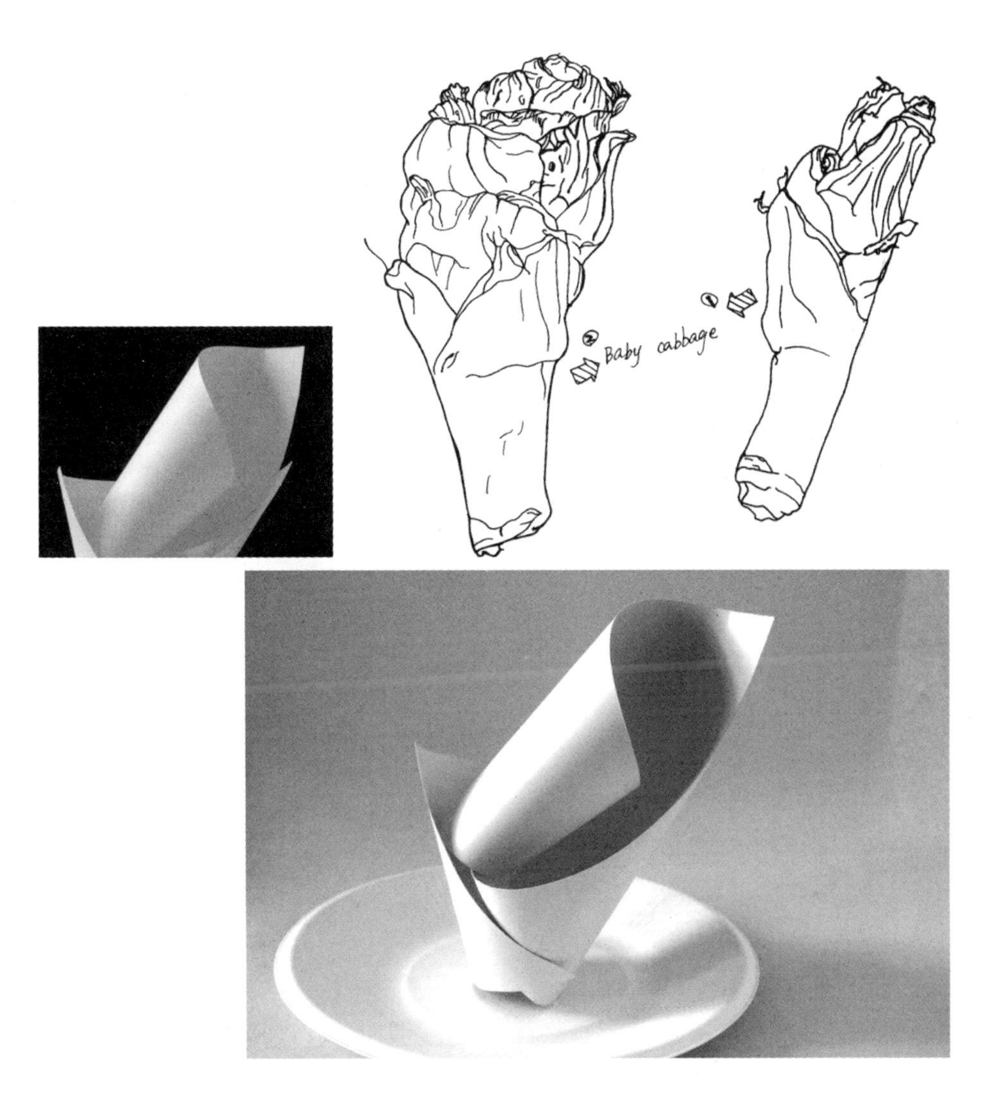

图1-7　娃娃菜的意象　作者：施齐

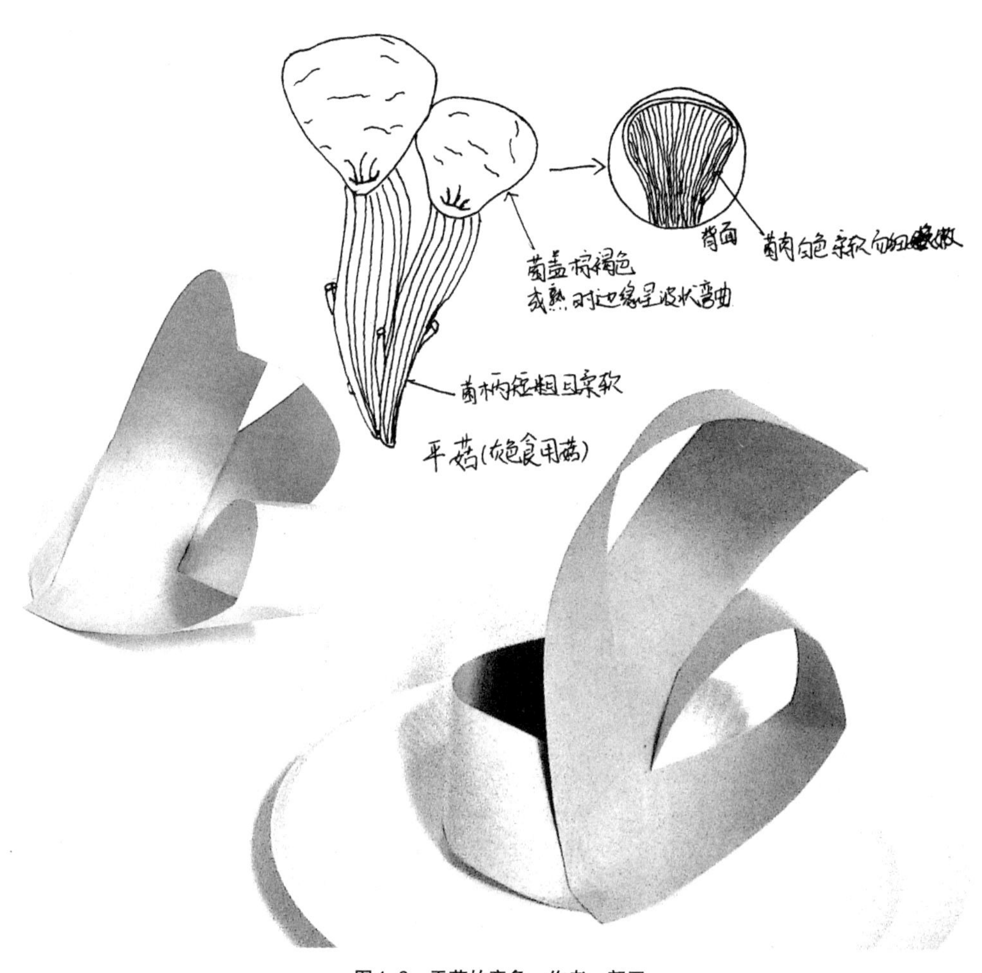

图1-8　平菇的意象　作者：郭玉

实验课题02：印象笔记

· 从我们生活的周围，或者网上资料发现有趣的事物；

· 从形态、构造、色彩、神态等方面进行想象，并进行描绘（图1-9～图1-12）。

图1-9　商店观察　作者：范卓群

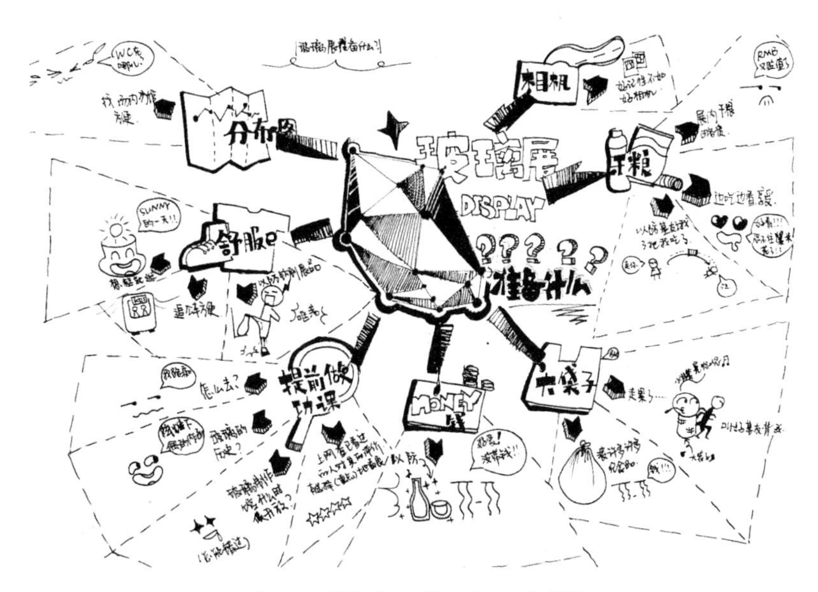

图1-10　期待中的展览　作者：孙樱迪

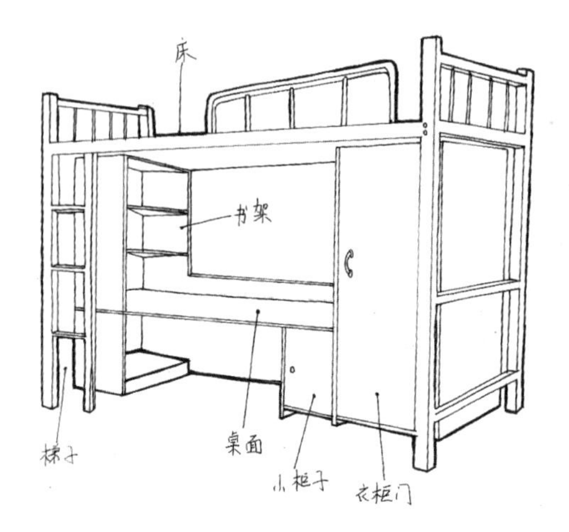

图1-11　学生宿舍床　作者：谢迪骁

图1-12　8090生活　作者：张国珠

1.2 图解思考

上一节我们谈到了视觉思维的概念。也许我们会认为：艺术设计人才比较擅长感性的形象思维和视觉思维，而科学技术人员则擅长理性的抽象思维。这类问题同样引起过西方学术界的争论。20世纪美国数学家雅克·阿达玛曾向全美著名科学家做过一个问卷调查：在各自的创造性工作中使用何种类型的思维。其调查结论是：大多数科学家的心理画面是视觉型和动觉型的。爱因斯坦的回答更具体："在人的思维机制中，作为书面语言或口头语言似乎不起任何作用。好像足以作为思维元素的心理存在，乃是一些符号和具有或多或少明晰程度的表象，而这些表象是能够予以'自由地'再生和组合的。对我而言，上述心理元素是视觉型的，有的是动觉的。惯用的语词或其他符号则只有在第二阶段，即当上述联想活动充分建立起来并且能够随意再生出来的时候，才有必要把它们费劲地寻找出来。"④爱因斯坦的回答和调查结论恰好证明了"理性的科学家"在创造性活动中的知觉思维特征。

达·芬奇是有史以来最富创造性的艺术巨匠。他生活在欧洲封建社会末期，在他的一生中，除了创作举世名作《蒙娜丽莎》和《最后的晚餐》之外，人们从他的5000幅草图的手记中发许多现代社会才有的东西：直升机、降落伞、坦克、钟表，还有采用螺旋桨推动的轮船、弹力驱动的汽车、潜水用通气管，以及不计其数、不太容易命名的发明创造。看来画家和发明家两种天赋集中在他一个人身上不是偶然的巧合。因为不管是发明创造，还是绘画设计，都要求具备视觉思维能力。

研究人员从达·芬奇手记中大量的草图、图标、符号受到启发，认定这是达·芬奇用来捕捉闪现在大脑中思维灵感的有效工具，通过反复实践和推广，发明了一种放射性思考的图解方法——思维导图。这就是英国心理学家、教育家东尼·伯赞（Tony Buzan，1960年）。他认为放射性思考是人类大脑的自然思考方式，每一种进入大脑的资料，不论是感觉、记忆或是想法——包括文字、数字、符号、线条、色彩、意象等，都可以成为一个思考中心，并由中心向外发散出成多条分支，每一个分支代表与中心议题的一个联结，而每一个联结又可以成为另一个议题，再向外发散出成更多分支，这些分支联结实际上记录了思维发散的过程就形成一幅"思维地图"。思维导图源自脑神经生理的学习互动模式，借助放射性思考和联想，将一个议题的众多方面彼此间产生关联和延伸，引发新的联系。其要点是：

a.将中心议题置于中央位置，整个思维导图将围绕这个中心议题展开；

b.围绕一个中心议题内容进行思考，画出各个分支，及时记录即时的想法；

c.周围留有适当的空间，以便随时增加内容；

d.整理各个分支内容，寻找它们之间的关系；

e.善于用连线、颜色、图形、箭头等表达想法和思维的走向。

如图1–13所示的思维导图的议题是“应聘前的准备”。如果明天要去招聘公司面试，今天要做哪些准备？最好的办法就是随手在一张纸上做思维发散，分别对如何介绍自己，包括特长、技能、教育背景、家庭成员、和不足等方面作思维导图，可以随时添加补充，描绘一个“真实的自己”。由于在自己的脑子里模拟了应聘面试所要回答的问题，第二天就能从容面对。如图1–15所示的议题是“创业计划”，这种思维练习实际上是作了“积极备战”的心理准备。图1–13~图1–18所示的思维练习都是在教室里半小时内完成的作业。

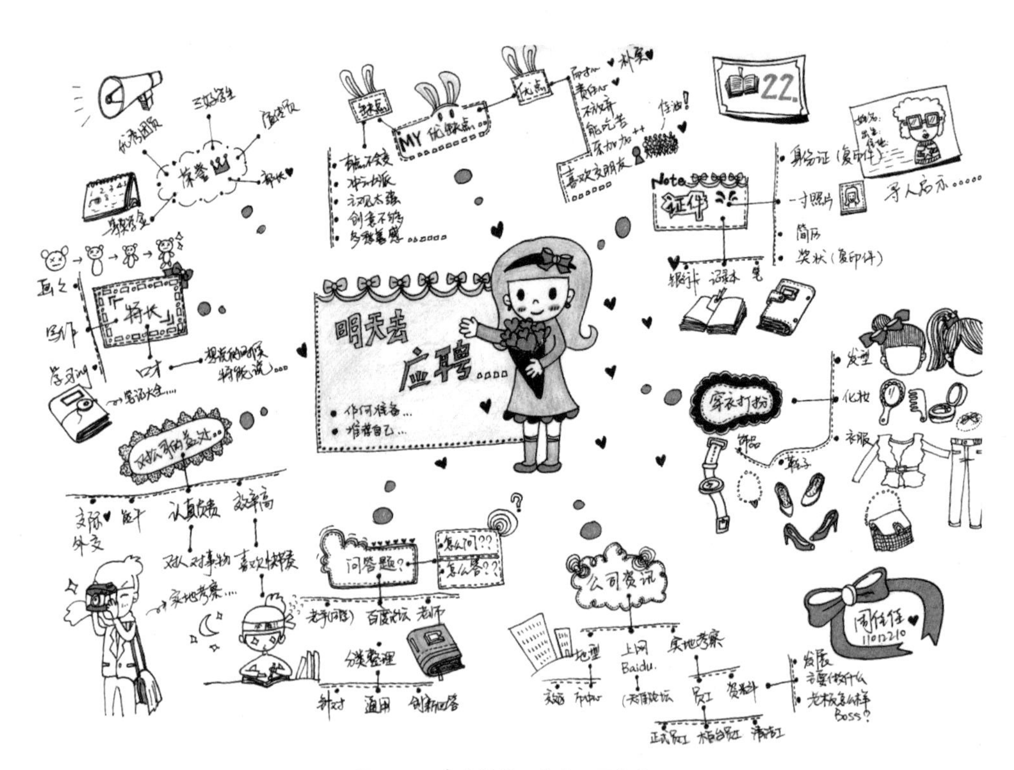

图1–13　自我推荐　作者：周佳佳

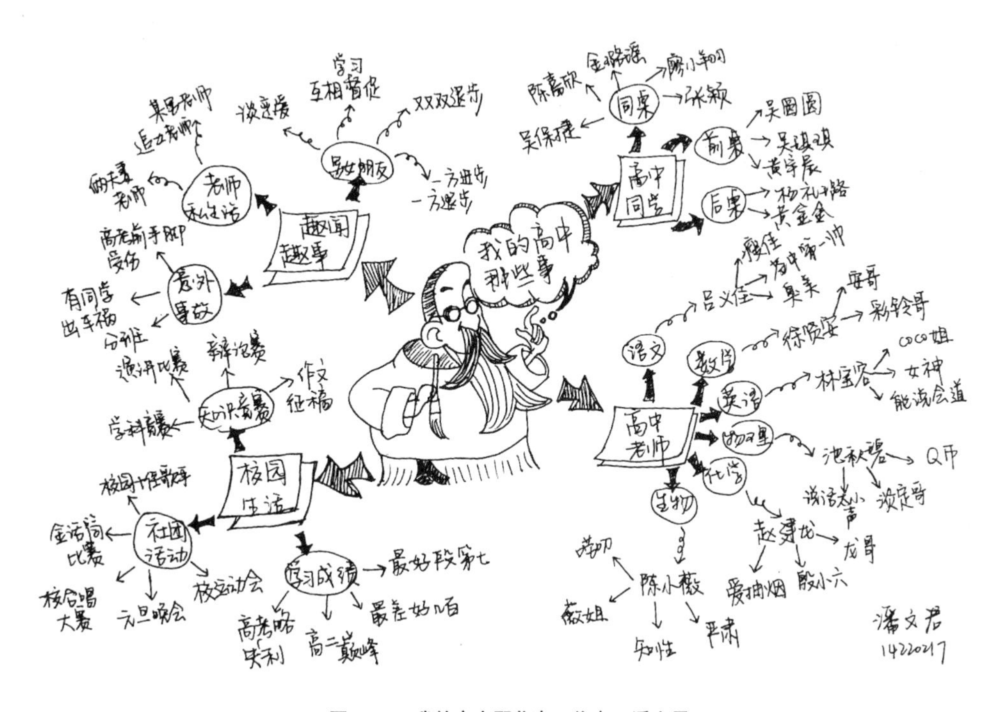

图1-14　我的高中那些事　作者：潘文君

“图解是一种将思考构造化之后，再加以注视的方法。它类似一种经验，好比我们在视野不佳的杂草丛林中，攀登上小山丘后，视野突然变得一片辽阔。所以得先将烦琐的细节项目搁置一旁，获得本质之后，再以大胆创造的态度投入其中。”⑤由于每个人的思考方式不同，图解语言也会因人而异。那么怎样评价一张图解的好还是不好？换个角度说，怎样提高图解的质量？图解评价体现在以下三个方面：

a.一目了然——用图形语言表达心中的想法是对人脑思考过程的模拟，也是对大脑思维的加工过程。所以，好的图解应该是“思考的全景图”：比文字传达更直截了当、形象生动，能把握问题的重点。

b.有效传递信息——通过借助形象化的图形语言，以及要素的位置、方向、大小来表达关系，传达方式丰富而清晰。所以，好的图解能把复杂的东西简单化、平面的东西立体化、无形的东西形象化。

c.表达思路生动流畅——图形语言从某种层面上是对潜意识的一种投射，用语言文字表达思想和情绪会有防御心理，而用图形语言会有意无意把真实的自己展现出来。所以，好的图解最显著的特点是自然流畅，而无模棱两可的东西。

实验课题03：根据下列题意作思维导图

· 我是谁？

· 我的朋友

· 我的梦想

· 我的高中那些事

· 我的创业梦想

· 我的家乡才叫美

· 告诉你真实的杭电

· 对设计的看法

图1–15　我的创业计划　作者：严芮

图1-16　我的家乡才叫美　作者：刘巧民

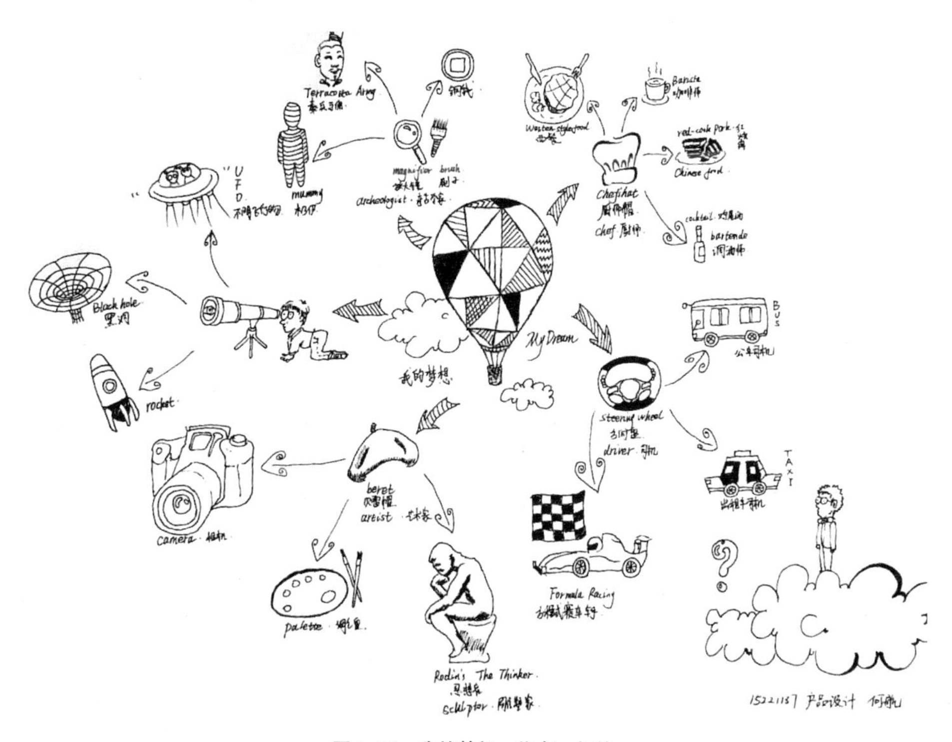

图1-17　我的梦想　作者：何航

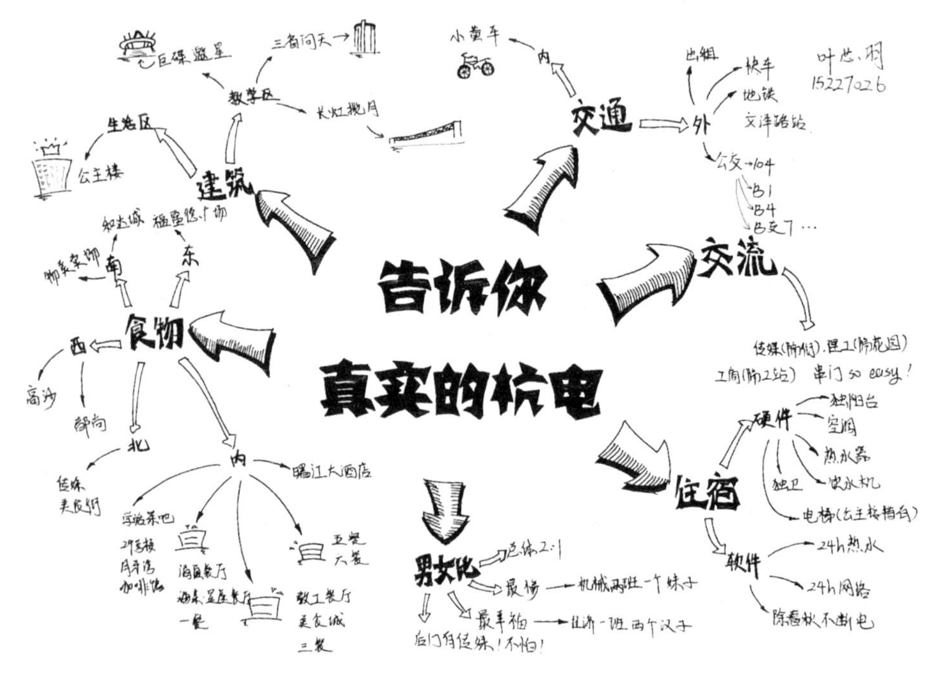

图1-18　告诉你真实的杭电　作者：叶芯羽

1.3　感知能力

面对一个苹果，会看到苹果的颜色、闻到清香，也会触摸到苹果光溜溜的表面，这就是“感觉”。在头脑里这些感觉的信息会被组合起来，通过唤醒以往的经验，进行综合判断后得出结论——“这是一个苹果”。这个判断的过程在心理学上叫做“知觉”。如果对某个事物已经有了知觉，再进一步加入记忆和推论等思维过程，就形成了“认知”。拿苹果来说，其特征、种类、给人的印象以及苹果的营养价值等，都属于认知的范围。感觉和知觉在心理学中称为“感知觉”。一般来说，人们通过感官获得了外部的信息都是零散的，必须经过大脑的加工，然后形成对事物整体的认识，才能形成知觉。因此，知觉是对感觉获得的信息进行综合判断的活动。正是靠着这种感知能力，我们才能够进行正常的生活。

现代脑科学研究已经证明：人脑所有区域都与感知有关，包括负责加工的额叶、负责视觉信息输入和视觉成像的枕叶、负责感官分类的顶叶、负责运动的小脑以及负责情绪反应的中脑。《艺术教育与脑的开发》一书中写道：“背侧视觉系统（传统上认为其负责定向，但现在已经认识到该系统表征对目标的编码）、腹侧视觉传统（与物体的操作和转换有关）和颞叶（对加工的语言进行储存和提取）都只是整个复杂的相互作用系统中的一部分。呼吸、肌肉控制、心情、心率和无数的决定使得我们能够进行学习。身体为思维学习制定内容。思维不再是单纯的思维，而身体也不再是孤立的身体。”[⑥]感知能力是通过训练手、眼的准确性、协调性和空间方位的知觉性，提高其手部动作的灵活度和实际操作能力，从而提高思维力、判断力和创造力。苏联著名教育实践家和教育理论家瓦·阿·苏霍姆林斯基曾经说过：“手是意识的伟大培育者，又是智慧的创造者。”所以，动手制作模型和绘图一样可以提高视觉思维能力，因为肌肉感觉和视觉之间有着直接的联系，是一种非常好的提高视觉思维能力的学习方法。

模型是立体的图解工具，优势在于通过视觉触觉直接感受材料的特性、色彩、触感表达内心的想法，并且可以在制作过程中利用“真材实感”进行不断地思考和修改，甚至在不经意中发现新的点子，这在科学发现中也不乏先例的。作为图解思维的工具主要指概念模型——实际上是一种“立体草图”。借助易加工、成型快的材料，方便反复拆装、修改，来构成简单的形体，帮助构思者在体量、构造、材质、空间尺度等方面提供直观判断。所用材料通常是纸张、木材、发泡塑料、橡皮泥等，这些材料不需要复杂的机加工，特别适合学生在学校现有条件下进行视觉思维训练。此外还可以利用乒乓球、饮料瓶、吸管、肥皂等现成品作为模型构件，运用得当会产生意想不到的效果。寻找这些材料也是视觉思考的过程，从某种意义上讲是训练对材料的感知能力。

阿恩海姆在《视觉思维》一书中特别提到与创造性思维密切相关的“意象”（image），他认为“意象”不是传统观念上对客观事物完整机械地复制，而是对事物总体特征积极主动的把握。譬如，看到了一辆小汽车，但不清楚它是商务车、旅行车还是跑车；看到一张纸币，但不清楚是哪国币种；看到一个人，但说不清是本国人还是外国人。这是一种既具体又抽象的意象，同时也是自相矛盾的模糊意象。这种视觉意象不仅直接来源于对象本身，而且也可以由某些抽象概念间接传达。例如说到高大威猛，心目中便会现出一个昂首挺胸、气壮如牛的形象；一条蛇被简化为S形曲线；一棵树则用简洁的几何形来呈现。所以说，意象是一种既具体又抽象、既清晰又模糊、既完整又不完整的形象。说到底，这是一种代表事物之间本质或代表着某种内在情感表现的“力”的图示。由于它的动力性质，其本身的运动“逻辑”，变成了创造性思维活动中的推动力。练习5要求同学们在收集生物资料的基础上，设计制作一个生物意象模型。注意！这里的模型不是生物标本，要求对资料进行充分研究和提炼后，对生物在抓、握、叼、咬、逃跑、追踪、注视、瞭望、惊恐、翱翔等状态的进行捕捉，并应用适当的材料作出表达（图1–19~图1–24）。

实验课题04：生物意象

· 根据视觉笔记的形象资料制作一个生物意象模型；

· 抽象表达生物某种特征或状态（抓、握、叼、咬、逃跑、追踪、注视、瞭望、惊恐、翱翔等）；

· 制作模型一件，材料不限；

· 设计版面：内容包括生物原型图、模型照片及说明文字。

图1–19　翔的意象　设计：何成坤

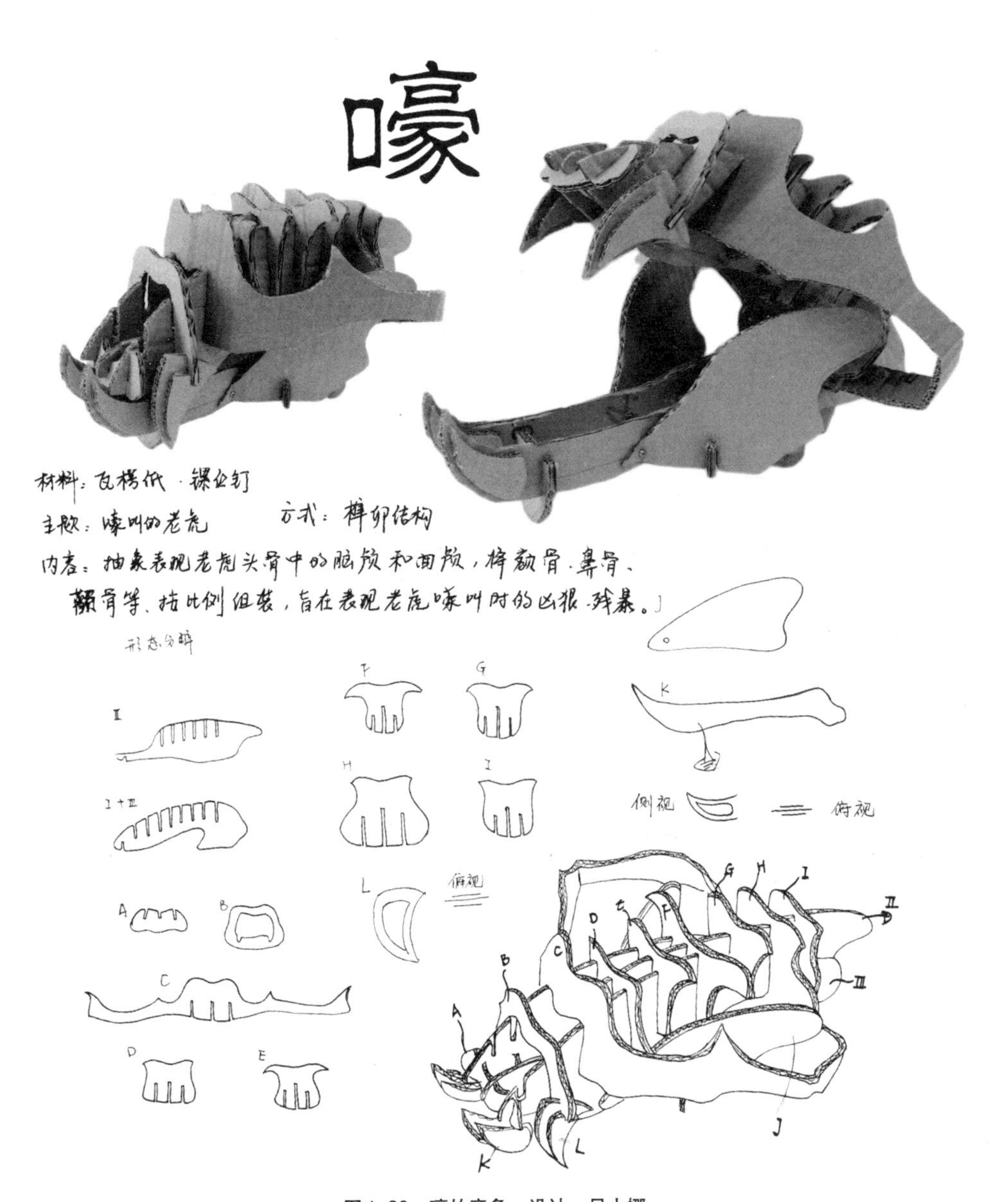

图1-20　嚎的意象　设计：吕小娜

图1-21　柔的意象　设计：沈也

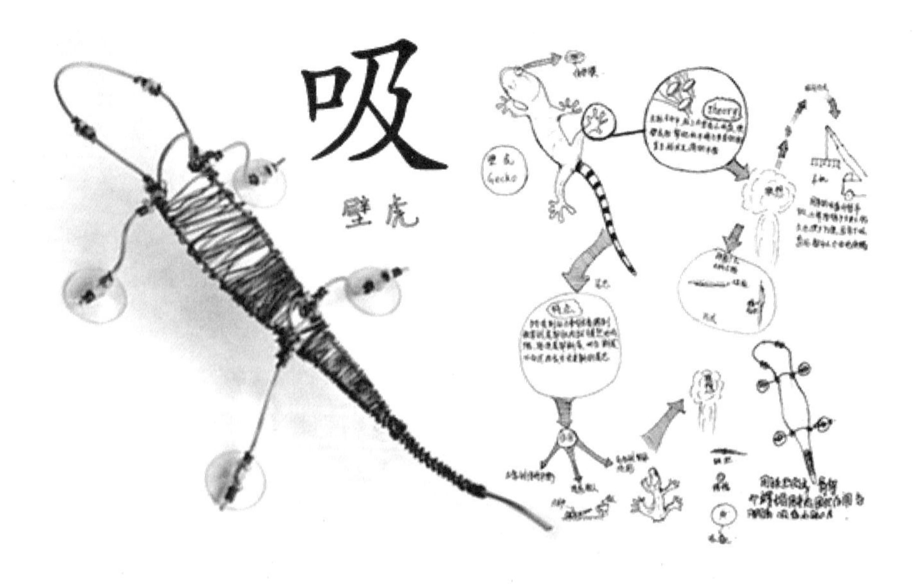

图1-22　吸的意象　设计：丁开恩

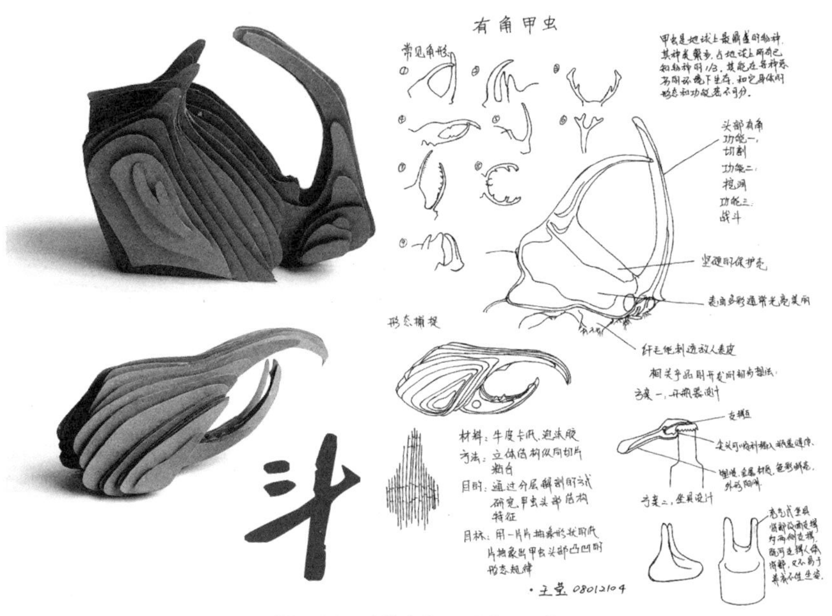

图1-23　斗的意象　设计：王莹

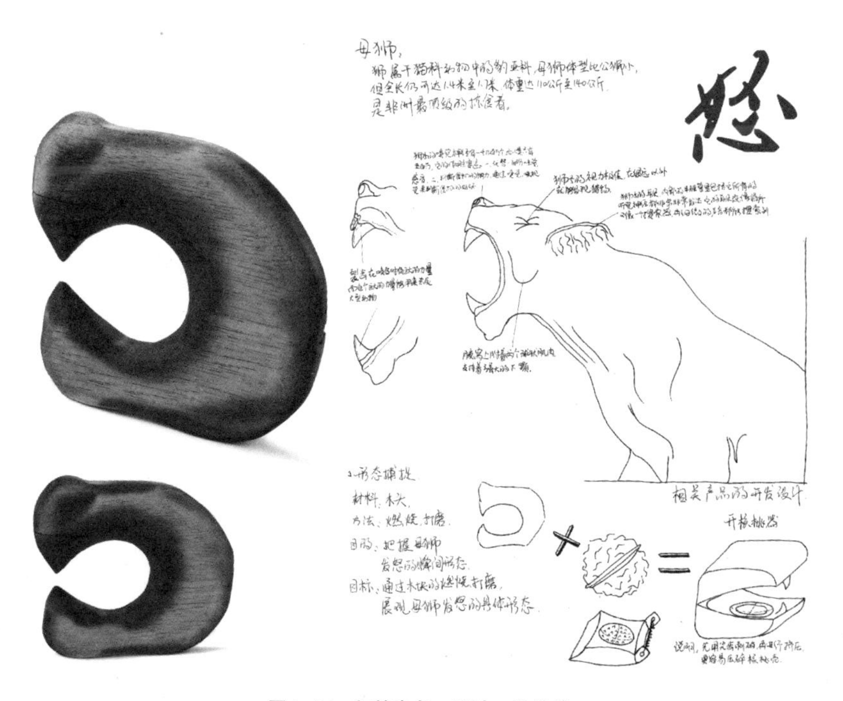

图1-24　怒的意象　设计：梁世鸽

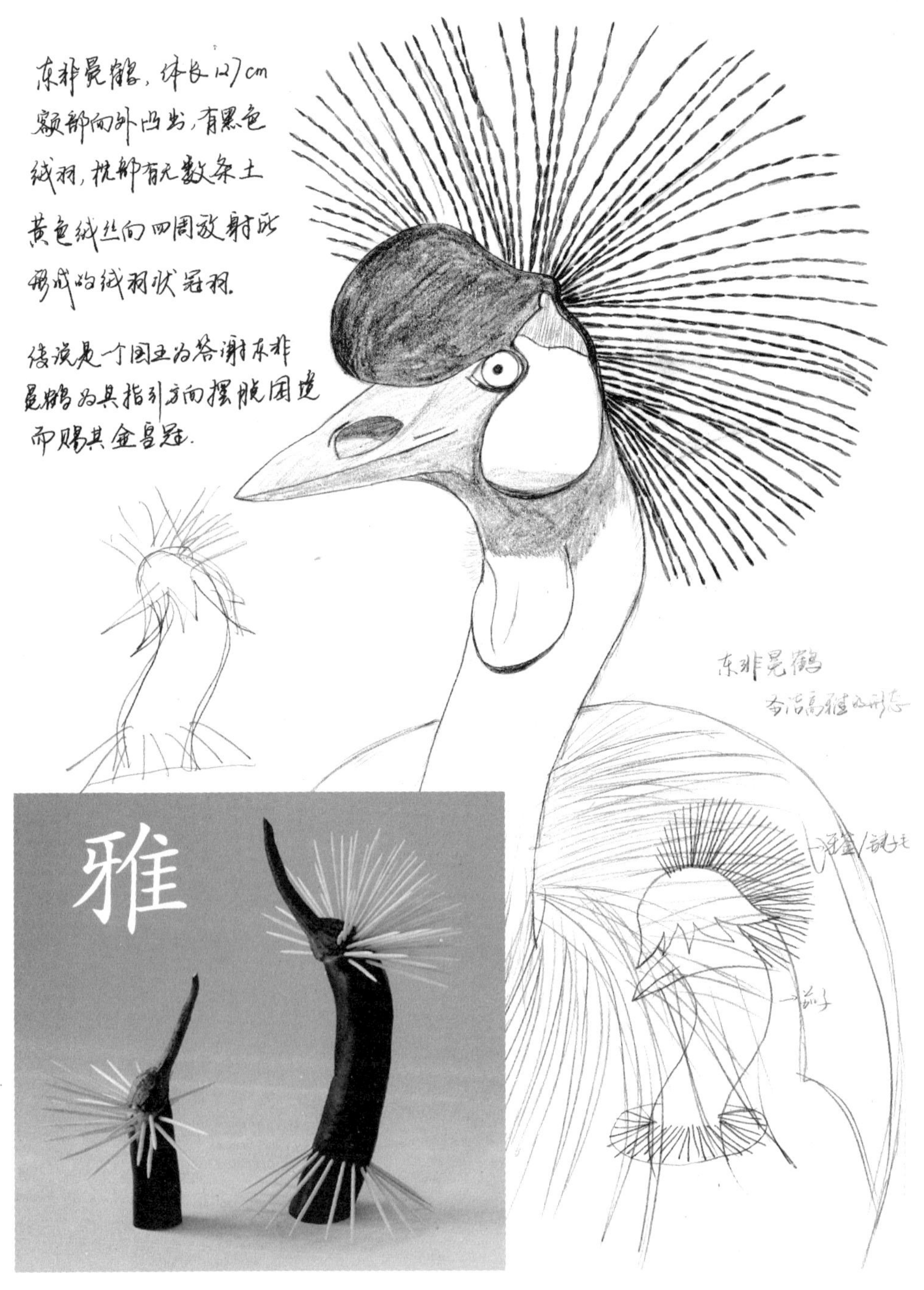

图1-25　雅的意象　设计：林志者

专题研究01：简单生活

· 根据平时对生活的观察和思考，画一张“简单生活”的思维导图（图1–26、图1–27）；

· 组成三人研究小组，小组成员分工收集资料，各自对所阅读的资料在小组会上交流讨论；

· 经过阅读交流，每组写出关于“简单生活”的课题综述；

· 小组成员交流思维导图，并从中提出尽可能多需要解决的问题，即定义问题；

· 选择一个方案进行深化设计。

· 手绘、模型、计算机作图均可，设计制作课题设计说明文本。

“简单生活”的专题讨论

老师：通过一段时间的阅读，大家对“简单生活”的命题一定有各自的解读。个人理解、思考的角度不同，提出问题和解决方式也不会相同。所以，不要急于提出方案，在阅读和交流的基础上拓展我们的视野。

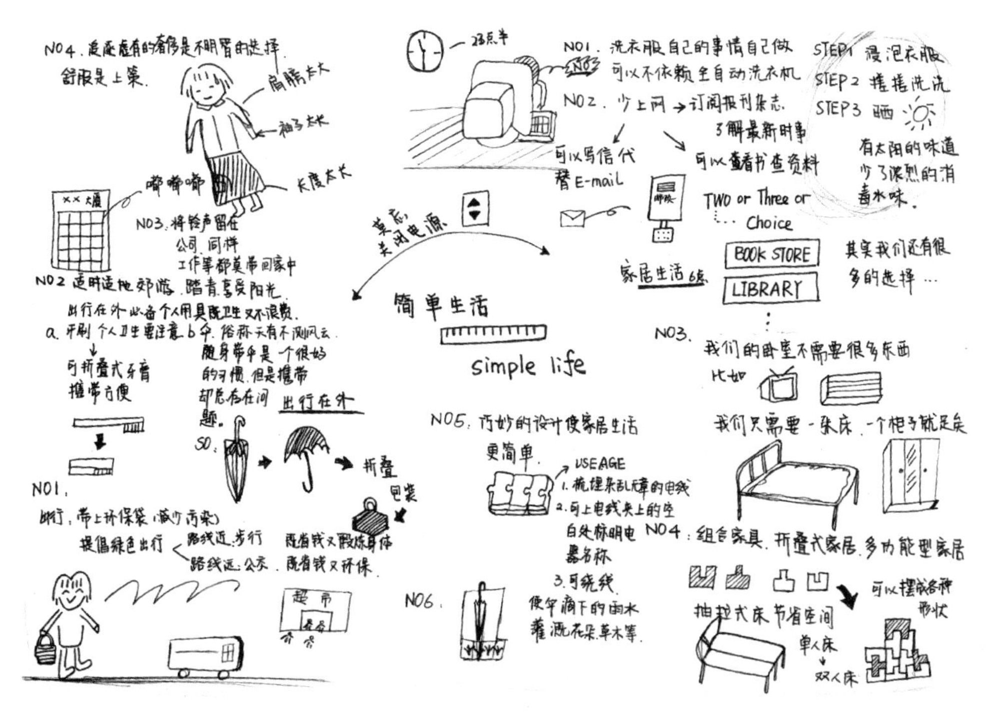

图1–26　简单生活的思维导图　　作者：何海英

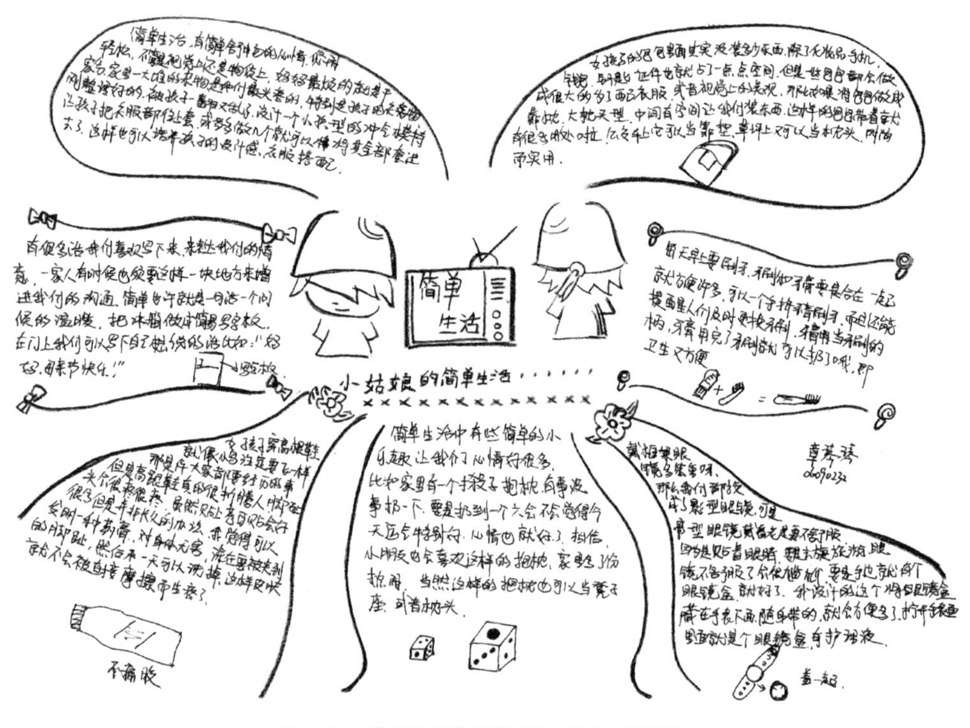

图1-27 简单生活的思维导图 作者：章琴琴

曹哲：有本书是尼古拉·波辛写的《踏着时间之乐起舞》，书中有段话印象很深：生活是我们都被卷入其中、不停地旋转的符号之舞。当人们在同类的叫声中认识到了一个共享的更广泛的意义、某种共同的东西时，一种共同的语言和共同的世界就开始了。生活其实真的可以变得很简单，在这个到处充斥着喧嚣和躁动的年代为了生存，人们的思想变得越来越复杂，许多人追求的并不仅仅是“幸福”那么简单，他们所需要的是比别人更幸福。于是他们拼命地努力，只是为了别人眼里的幸福，为了豪宅、名车以及他人眼里数不清的幸福。最后他们失去了最本质、最单纯或者是最简单的幸福。

老师 ：最近读到一篇文章就谈到现代人最容易犯的“目标困惑症”。作者在华尔街就遇到众多的目标困惑者患者，曾经问一位作风一贯顽强的交易商为什么一天到晚总是在工作？ 他回答道 ：“你怎么这样问？你以为我喜欢这样啊，我这么辛苦地工作只是因为我想挣更多的钱！”当问到真的需要那么多钱时，这位交易商一脸苦相地回答，“我刚刚结束第三次婚姻。每个月都要支付三份抚养费，我都快破产了”。“那你为什么总是离婚呢？”交易商叹口气回答道：“我的三个前妻都抱怨我用在工作上的时间太多，置家庭于不顾。她们根本就不知道挣钱有多难！”患上了目标困惑症的人往往专注于“挣钱养家”这个任务，却把家这个目标完全忽略了。

何海英：我觉得人们正在逐渐的遗忘这些大自然赋予我们的最正规的财富：阳光、空气、水、思想、艺术、温情，这些快要被现代人遗忘的字眼，或许需要大声提醒人类：它们同样是幸福生活的要素！简单生活自有简单生活的美。新鲜的空气、充足的食物、音乐、书籍、自行车，谁说它们不能使人愉悦，使人健康而怡然地生活呢？

张峰：但是简单生活不等于苦行僧，也不是要回归陶渊明的“田园生活”。我们有必要向陶潜的“悠然南山下”精神学习，让我们的心态回归平和，看风景得取决你的心情。现代社会的进步是矛盾的，一方面我们的生活变得更简洁，另一方面新的进步又带来新的难题和麻烦，像达尔文进化论说的一样，为了不被淘汰，我们只能不停地进化，不停地发展新事物。然而在适应的过程中，我们已经完全脱离了生活的真谛。浮躁的人们已经来不及品味什么是生活，大家习惯了为生存而生活。难道生活真的有这么冷酷吗？其实生活掌握在我们自己每个人的手中，就看你怎么选择，换句话说，我们可以选择简单的生活。为何不尝试拒绝一切对你来说没必要做的事，为何不尝试放弃所有对你来说是多余的现代科技产品？美国作家爱莲娜提出让内心回归平和，这是一种更高境界的“简单生活”。不是生活程序被机器代替就是简单，内心感到平静，轻松，没有多余的负担，这种生活才是真正的简单，偶尔的烦琐程序也是简单生活的需要，为我们的生活添了一份生气。所以真正会生活的人，会自己选择自己的生活方式，不会被很多习惯和外界因素所干扰，做自己想做的事，享受生活的过程。

傅军辉：我们平时喜欢把钥匙串放在包里，用的时候再翻出来，打开门后还要放回包里，有时候会忘了放在屋里的什么地方，到找的时候就满屋子乱找。一个偶然机会我淘到一个包，帮我解决了这个麻烦，在包的盖下面有一个层，层里的拉链是可以不通过打开包盖拿到，只需伸手到包盖下拉一下拉链，放在左侧的钥匙串就滑了出来，不用解开钥匙串就可以打开门（因为长度正合适），开门后钥匙串依然挂在包包上。这个小小的设计至少解决了两个问题：一是钥匙不会丢，永远吊在包上；二是钥匙永远在包的某个部位，用的时候不用费心去找。我认为好的设计就是要让生活变得如此这般地简单。

老师：这是一个很好的例子，说明一个好的设计不应该给使用者增添负担，要让设计自然地过渡为生活的一部分，让使用者去享受设计，享受生活。设计和艺术品是有区别的，因为产品不是少数人的使用特权，而是连接人与生活的桥梁。诺曼认为需要看说明书才能使用的产品不是好的设计。一目了然，取源于生活的设计才是最自然的，也是最亲近的。如果设计的东西有一天能像自然界的生物一样，被看成是大自然的一部分，人们在用它的时候只要按照自然规律去使用，那么这样的设计真可谓"鬼斧神工"。设计不是一件简单的事，但是我们设计出来的东西应该和生活的本质一样简单。

郑文懿：我认为设计应该方便生活，改善人的生活质量。但是现实生活中的商品形式出现两种趋势：一种是以新奇的素材或夸张的造型来强调自身的独特性，以限量生产来标榜品牌的价值，以创造出心甘情愿地接受其超高价值的忠实消费者为目标；另一类则是在尽可能的范围里降低成本，使用最便宜的素材，竭力简化生产过程，在劳动力相对便宜的国家加工，竭尽所能降低价格。作为新一代设计者的追求应该是寻找最适合的原材料、加工方式及商品样式同时，要在"朴素"、"简约"中寻求至美以及相应的价值观。

徐源泉：现代社会的许多设计已经被现在的"华而不实"风气给同化了，人们似乎觉得真正有意义的设计已经趋于饱和。更为严重的是，我们难过地发现设计不仅没有带来简便，还使我们的生活变得越来越有技术含量。设计开始变成技术的堆积。原研哉在《设计中的设计》里举了这么一个例子：设计师深泽直人认为，只要在墙角挖一个洞，就是一个绝佳的伞桶。心理学家吉宾森认为人都有一种"给予性"，不是指行为的主体，而是一个综合现象后对环境进行把握的思考方式。有一个洞，人就会产生把它填满的欲望和冲动，这个动作是不需要过程的，只属于人的本能反应。设计可以使生活变得这么简单，我们没有必要像牛顿一样，一个苹果掉在头上，就去思考地球引力，这样做不符合大多数人的思维，但是我们可以从苹果的形状和掉落的轨迹去挖掘设计的源泉。简单生活靠体验，观察生活，认识生活，才有可能掌握生活的主动权，才有可能实现简单生活。

褚志华：生活的简单化趋势其实无所不在。我们可以看到越来越多的以"傻瓜"为标识的产品涌上市场；电脑行业的领头人物比尔·盖茨一直强调旨在使微软用户生活更轻松的"简单运动"。设计就是以人为本，在现在简单生活正在成为一种新兴的生活主张的同时，我们也必须把设计的目光定位在简单化、人性化，使人们的生活更加简单、舒适。世界上有太多的东西在设计、在制作过程中根本就没有考虑或是毫不在乎用户的需要。这些被冠以“诺曼门”的产品都不是所谓的好的设计。好的设计是以消费者的角度来衡量的。随着高科技的快速发展，现在市场上有很多“多功能”的产品，但是我却说不出一些所谓的“多功能”产品到底是对用户产生便利还是适得其反呢。我想设计师的初衷是好的：把几个产品的功能整合在一起，方便用户的使用。但是，调查显示，大多用户在使用多功能产品时，只会用到一小部分的功能；有一些功能的用途用户居然还不知道。这样的设计还能称为好设计吗？它繁多的功能和按键无疑会给用户带来很多疑惑和麻烦。所以在今后的设计中我们应该充分考虑功能与操作的便捷之间的关系，始终坚持“以人为本”的设计理念，设计出用户所需要的产品。

吴国统：技术的高速发展给我们造成了精神上的两难选择。一方面要求越来越多的高科技产品进入我们的日常生活以提高生活质量，同时又要求这些复杂烦琐的高科技产品要操作简单以减缓紧张的生活节奏，减轻科技带给我们的精神压力。或许这个平衡点正是我们要追求的简单生活。如何才能找到这个平衡点，正是这个课题要思考的关键之所在。例如我们在生活常遇到的这样的不便 ：雨天从外面打伞回来时身后总会留下长长的水滴，不仅打湿了地面，人走在上面也容易摔倒。其实这不是我们的过错，而是雨伞设计者没有把这些因素纳入设计之中。有人设计了一款折叠伞收起来成了一个提包（图1–28），就不用担心雨伞带进室内的滴水问题了。这个设计没有高科技，操作也简单，却解决了问题。

图1–28　提包雨伞

倪仰冰：诺曼在《情感化设计》中认为，过去，人们往往站在技术的立场去看待和处理人与技术的关系，见物不见人。许多时候，当工程师设计一件产品时，他首先想到的是产品的功能而不是用户的感受，换句话说，在人与技术之间，人们注重的是技术而忽视人的心理与情感，以及它们所起的作用。事实上，人是产品的创造者与设计者，同时又是最终的使用者，"人"应该是关注的焦点。他的开创新工作揭示人的情感与产品之间所存在的微妙的关系，提出一系列新颖的、富有启发性的观念与思路，令人耳目一新，而在国际上引起广泛的兴趣。诺曼指出人类情感的多样性，并从设计心理学出发，不仅深刻的分析了如何把情感融入产品设计，同时阐明了通过这种融入可以达到美感与可用性的统一，使"有魅力的物品更实用"。高速发展的社会，正无形中给人们越来越多的压力。为了无穷无尽的欲望，人们拼命地努力，拼命地工作，以至于忽略了很多东西，失去了最为宝贵的东西，亲情、友情、爱心……太多太多，匆忙的现代生活已经让很多人忘记了许多美好的回忆，而让繁忙、浮躁、烦恼填满心灵。这样的生活已经失去了生活的本质！我们正在慢慢地失去生活的乐趣，忙忙碌碌、无休无止的工作和各种琐碎事侵蚀着人们对生活的希望，而在这种高节奏的生活下，使得越来越多的人处于亚健康状态。而"简单生活"加上"情感化设计"应该成为解决这些问题的观念和手段，唤醒人们对生活的兴趣和希望，给生活带来更多的微笑，为自己，也为别人，过上一个轻松的、自然的、温馨的生活。设计 ，正是实现这种理想的翅膀。

老师：其实世界很简单，是我们弄得太复杂了。身兼平面设计师和计算机工程师的前田·约翰（John Maeda）所写的《简单定律》一书是实现简洁性成为产品特征第一位的最清晰的指导范本，也是一张指导我们建构更有意义世界的地图。书中总结了操作性很强十条策略来利用简单背后所蕴藏的力量。认为设计中融合了关爱和信任法则之后，复杂的系统可以变得非常人性化和可爱。这本书为我们研究设计中运用简单法则提供了思路。

栾灵琳："简单生活"的课题设计对于我们的意义在于：从学习设计之初，就善于观察这些因复杂而产生的众多麻烦，担当起引领"简单生活"潮流的重任。在产品设计中不能为了追求标新立异而忽视产品本身的实用价值 ；不能为了某种装饰效果而加大生产成本，进而增加垃圾场的负荷。我们要创造使用寿命长和多功能的产品，以免占用更多的生活空间。简单生活并非意味着降低生活品质，而是将人们从烦琐中解放出来，使生活变得轻松而又愉快。

“简单生活”课题综述：

到底什么是简单生活？简单生活的概念意味着轻松、不麻烦、朴素、低科技、充满灵性、有目的的生活，再加上有时间做自己想做的事，对自身、环境保持真实的生活。

简单不等于简陋，朴素不等于寒酸。简单生活，就是要保持一种自由平和的心态，随意而率性，不被这个物质社会所诱惑，也不刻意拒绝新科技带给我们的便捷和享受。

简单意味着有方法有秩序有选择，因而能够驾驭复杂的局面，举重若轻，复杂的人生问题简简单单就解决了。简单还意味着做自己喜欢的事，取之于社会用之于社会，人生就是那么简单，一些无所谓的事都可以放下。

简单更是一门哲学，需要有大智慧、大舍弃。快节奏已经使人们越来越远离生活，人们奔走在钢筋水泥的森林中，追寻着所谓的幸福，其实离幸福越来越远。各个年龄层的人们承受着各自不同的压力，各种各样的病症也接踵而至，如亚健康，神经衰弱，失眠，颈椎病等等。一些新兴产业的出现可以看得出来——大街上越来越多的瑜伽馆、按摩馆、美容院、足浴房，其实病源大都在于人们的心理。现代人总有太多的欲求，被这个新事物层出不穷的年代牵着自己的鼻子走，为太多的事物所诱惑，说不清自己想要什么，又好像什么都想要，这样的生活不可能简单起来。

要治疗上述病症，医学固然是一种手段。我们认为从根本上要改善人们的生活方式，工业设计是有效工具。设计可以提高生活方式，也可以激发起人们对生活的积极情感。而积极的情感具有许多好处：有利于克服压力，对于人们的好奇心和学习能力极为关键。并且积极情感能拓宽人们的思想，增强人们的行动技能，促使人们去发现思想或者行动的新线索。按照这种思路，可以通过设计去消除人们生活中的困惑，唤起人们对简单生活的向往。

人对物质世界的反应是复杂的，是由各种因素决定。有些因素在个人外部，由设计师、制造商以及广告商标形象等控制。而有些因素来自个人内部，即个人经验决定。设计的三种水平——本能的、行为的和反思的——在经验形成中起着各自的作用。三种水平都很重要，但每一种水平都需要设计者使用一种不同的方法。本能水平的设计主要对应外形，行为水平的设计主要对应使用者的乐趣和效率，反思水平的设计主要对应自我形象、个人满意、记忆。

我们在这里主要研究反思水平的设计。对于一个人来说，反思水平的设计与物品的意义——某物引起的个人回忆或者特别情感有关。特别是那些具有特别回忆或者联想的物品，人们往往很少集中于物品本身，而是该物引出的故事或者积极美好的（消极的）联想。在设计中引入能激发对于简单生活的向往或是美好联想的“催化剂”不失为一个好途径。如图1-29所示是一个液晶电视，但其形状就像早期电视机的形状。液晶是越做越小，为什么设计者会把这个液晶做成CRD的外形呢？因为CRD的电视大家用了很多年，都很有感情了。所以设计者把这个液晶设计成CRD的外形。

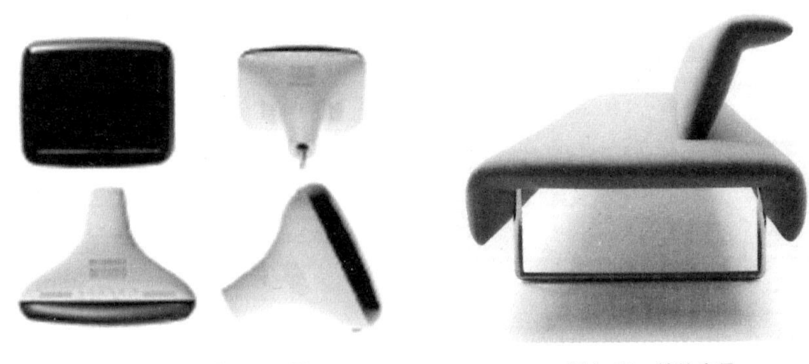

图1-29　液晶显示屏

图1-30　简约家具

曾为联想公司服务过的设计公司ZIBA总裁梭罗·凡史杰认为，设计的伟大之处是建立产品与消费者之间联系的过程，与人的需求建立联系，与人的渴望建立联系，与他们的文化和所处的世界建立联系的过程。有的时候，帮助人们在他们的情感和自我之间建立联系也能得到很大的共鸣。当下人们面对越来越繁复纠结的现代生活，渴望回归质朴生活的内在需求愈发强烈，简单主义的设计风格正好投射出这种需求。丹麦著名设计师保罗·汉宁森的PH系列灯，和阿纳·雅各布森的“天鹅椅”、“蛋椅”、“蚁椅”等，这些被传为佳话的简单设计，虽然体积都不大，结构也不复杂，但是对于产品的想象力，影响却是十分巨大。这影响源自于对人的关怀，对产品功能科学性的分析，以及对材料真诚的尊重。

设计是一种语言，是连接制造商与消费者的纽带，设计者应该将要素进行恰当组合，简单主义就成了人们简朴生活的心理回归。简单设计并不是一刀切式的整齐划一，而是一门既讲究科学，又是充满跳跃灵感的技艺。优良的简单主义是在设计的删减过程中来寻找空间、线条和形式的博大内涵。如图1-30所示是意大利的一个厂家做的沙发，虽然很简单，但是很美。设计者要尽可能的简单的思考。首先有一个椅子，如果要坐的话，需要一个垫子，然后再有一个靠背，然后坐在上面想喝咖啡，所以又设计了一个放咖啡杯的地方。这些IDEA都是很清楚和简单的。简单的都是我们就要用简单的设计来体现他。

怎样才是最好、最合理，如何取得这种平衡？日本著名品牌"无印良品"在近年来做了很大努力。无印良品的理想并不是诱发消费者产生所谓"这个最好"、"非它不可"的强烈喜好为目的。它要带给消费者的是一种"这样就好"的满足感。不是"这个"，而是"这样"。但是"这样"并非是没有对品质的要求。无印良品尽量把"这样"提高到尽可能高的水准作为努力的目标。"这样就好"或许带有少许的不满足，但如果"这样"的层次得到提高，这种小小的不满足也完全可以被渐渐消除。把"这样"提高到一个高层次，是无印良品的愿望。它在寻找最合适的素材、加工方式及商品样式的同时，也在"朴素"或"简约"中寻求新的价值观和审美。虽然它也在努力省掉不必要的生产过程，但对于丰富的素材和新的技术并不完全拒绝。

在提倡"朴素"和"简约"的同时，更为重要的是为产品注入情感。认知心理学家诺曼认为，情感是生活中的一个必要部分，它影响着你如何感知，如何行为和如何思维。情感使我们聪明，情感往往通过判断，向我们呈现有关世界的直接信息。研究表明，在审美上令人感觉愉快的物品能使我们更好的工作，正如诺曼所说，一个使人感觉良好的产品和系统会较易使用，并引起更和谐的结果。更多的研究表明情感和人们的行为，对日常生活的决策制定等有很大的联系。正因为这样，一个产品的价值更在于产品和用户之间的感情联络！

情感化的设计给我们的生活带来了希望。我们要过上一个简单的生活，"简单"当然不是一味地享受生活，过懒散的生活，也不是对生活失去了目标而没有动力，更不是放弃高科技就是简单；"简单"，是心灵上的简单！祝福、回忆、微笑、欢乐……这些才是生活的真谛！我们不是要取缔工业产品，而是要让工业产品更贴近我们的心灵。

问题定义：

a. 能传递陌生人之间情感的日常用品；

b. 能管理杂乱生活用品的装置；

c. 能管理生活空间的装置；

d. 能简化生活程序的日常用品；

e. 一物多用的日常用品。

如图1-31所示的“种子”概念借助伞作为传播爱与温暖的媒介。设想把它放在公共场合，通过不同使用者的传递引发情感联想。使用“种子伞”的时候，会看到“种子”中留言条的内容，从而联想到上一位使用时的情景。正是由于上一位使用者的传递，当前的使用者才能在手中握着这把伞并联想着当时的情景，引起当前的使用者的反思：我也应该把这种爱传递下去。“种子伞”的关键部分“种子”的设计，它被嵌在伞柄中，用力按“种子”上端（较细的那一端），便会弹出来，按下端（较粗的那一端）时就重新被嵌在伞柄中。伞柄背面有开口，用于塞进留言条。材料为透明的夜光材料，在雨夜发出微弱的荧光，带给人以无限的遐想。如图1-32所示的构思源于圆珠笔都有可替换芯的功能，将牙膏也做成“笔芯”状时，牙刷使用起来就像使用圆珠笔一样方便。将牙刷牙膏一体化，使用时只需要轻轻滑动牙刷柄的滑钮，牙膏就会从牙刷头出来，省去了每次都要挤牙膏的麻烦。牙膏使用的是牙膏芯，可以替换。如图1-33和图1-34所示的设计概念都是针对写字桌上杂乱无章的电线插座的解决方案。

注释：

①[英]布莱恩·劳森.设计思维——建筑设计过程解析[M].范文兵译.北京：知识产权出版社·中国水利水电出版社，2007：108

②傅世侠，罗玲玲.科学创造方法论——关于科学创造与创造力研究的方法论探讨[M].北京：中国经济出版社，2000：342

③[美]R·H·麦金.怎样提高发明创造能力[M].王玉秋等译.大连：大连理工大学出版社，1991：13.

④Hadamarm Jacquea. The psychology of invention in the mathematical field. New York：Dover Publications. 1945：142.

⑤[日]久恒启一.图形思考[M].郑雅云译.汕头：汕头大学出版社，2003：26

⑥[美]Eric Jensen.艺术教育与脑的开发[M].脑科学与教育应用研究中心译.北京：轻工业出版社，2005：91.

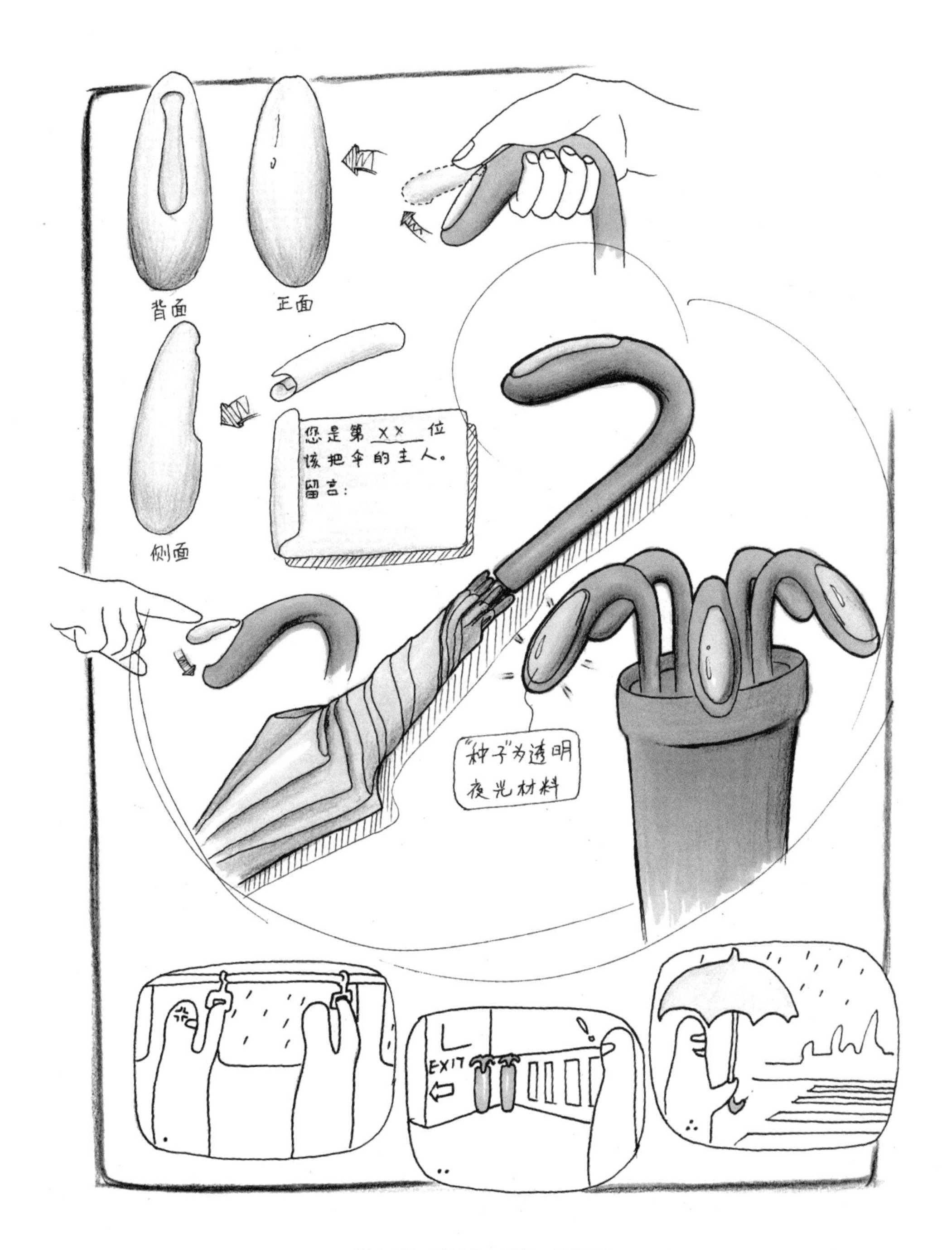

图1-31　种子伞　设计：江海波

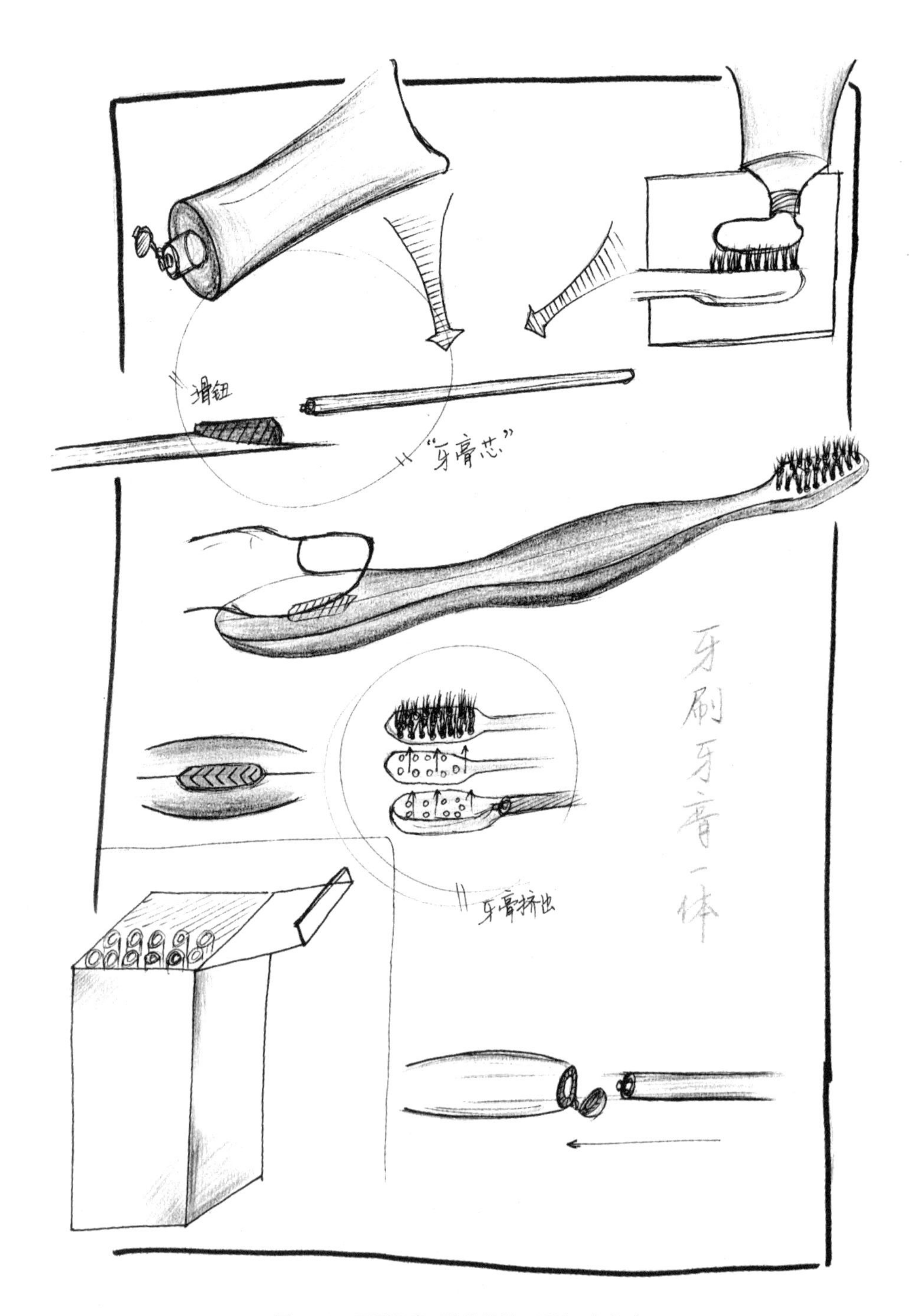

图 1-32　牙刷牙膏一体化设计　设计：倪仰冰

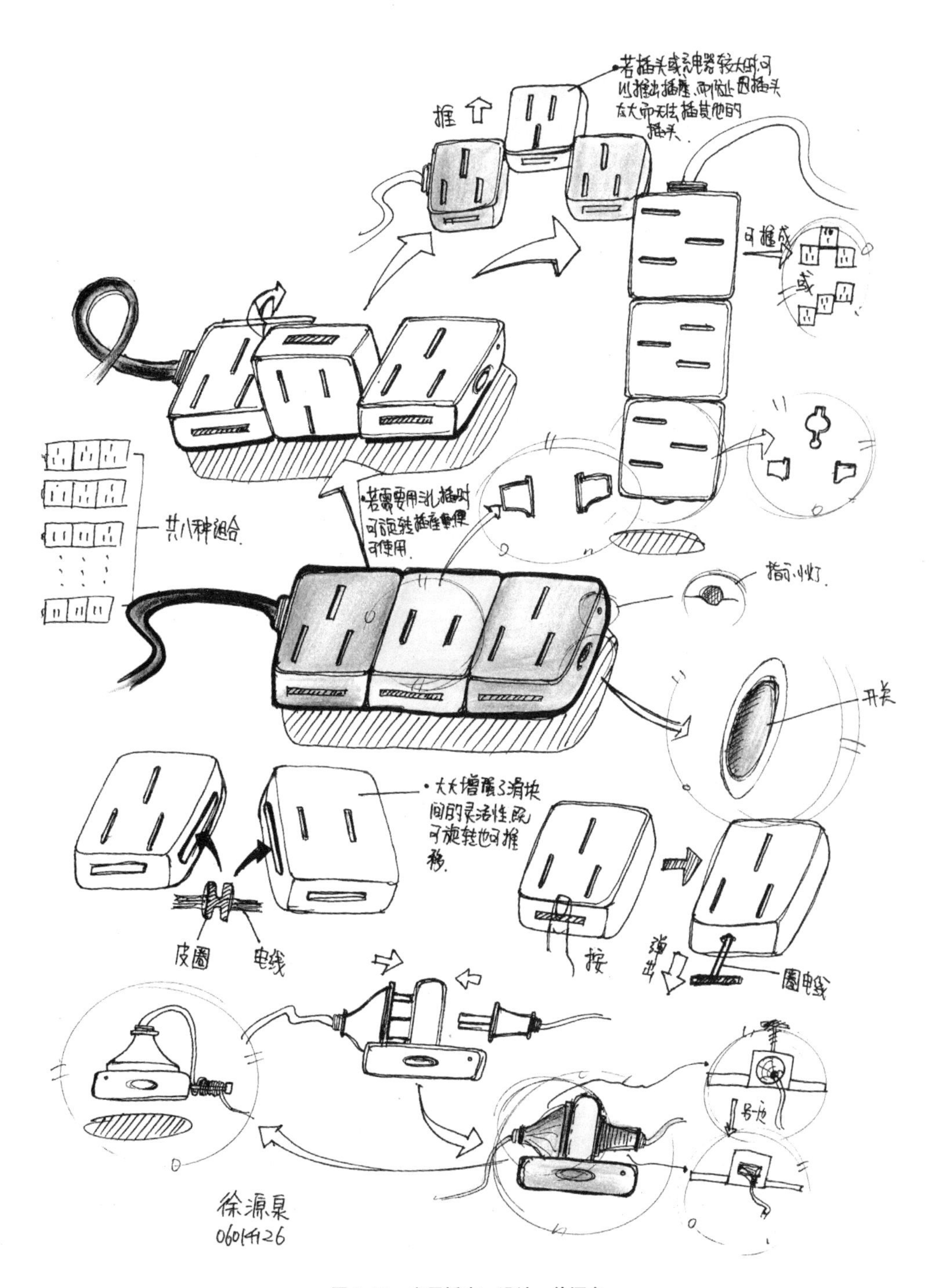

图1-33 宜用插座 设计：徐源泉

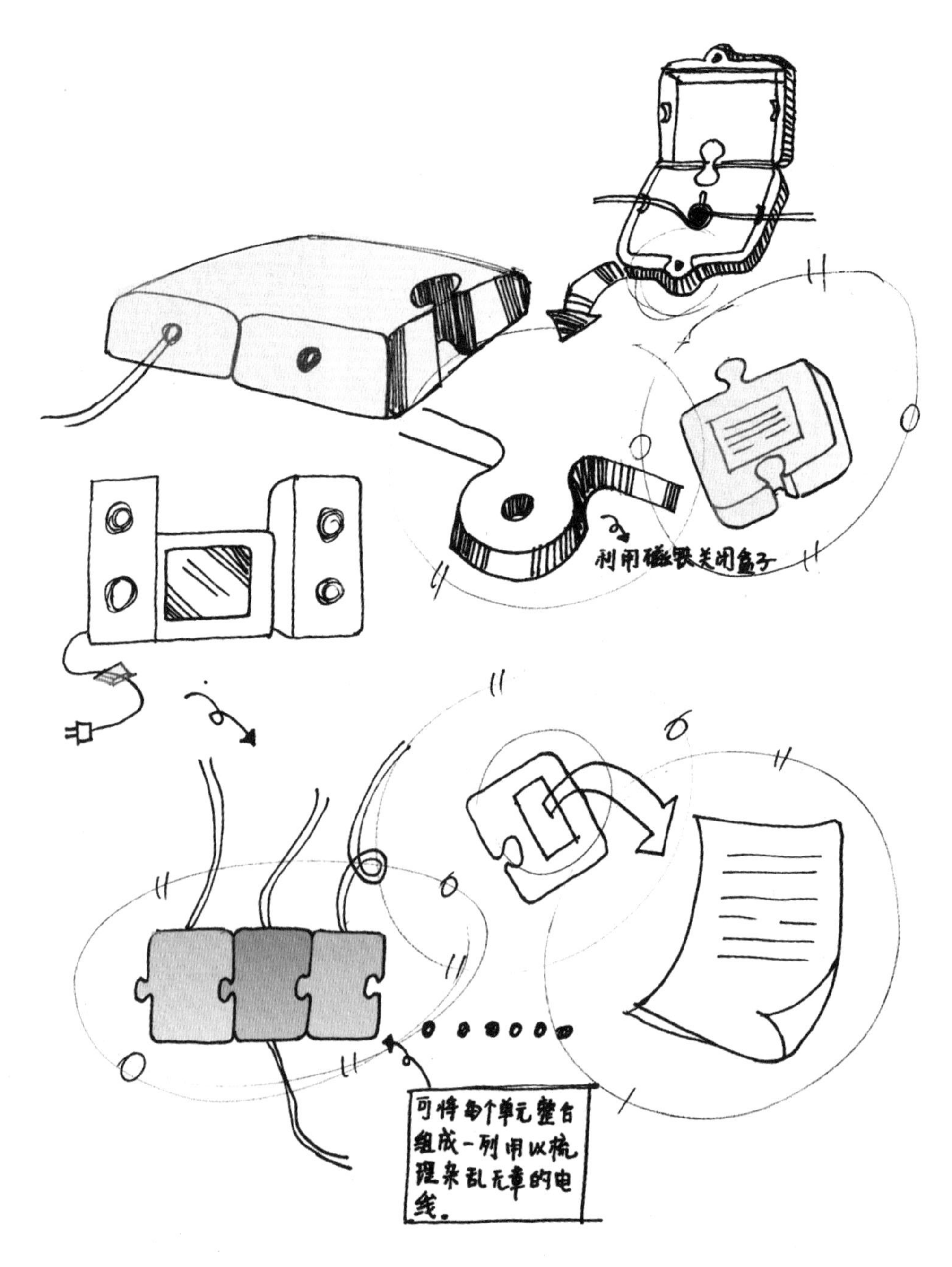
利用磁铁关闭盒子
可将每个单元整合组成一列用以梳理杂乱无章的电线。

图1-34 导线整合器 设计：何海英

第2章 类比思考

- 教学内容：类比思考的原理和方法。
- 教学目的：1. 学习一种思考策略，类比把看起来毫不相关的事物联系起来，寻求解决问题的新思路；
  2. 学会把一个事物的某种属性应用在与之类似的另一事物上，探索各种可行性；
  3. 通过眼睛观察、动脑思考和动手制作，学习在比较中进行创新设计。
- 教学方式：1. 用多媒体课件作理论讲授；
  2. 学生以小组为单位，进行实物观察、构绘，教师作辅导和讲评。
- 教学要求：1. 了解类比思考的原理，掌握同种求异和异中求同的思维方法；
  2. 运用图解的方式作可视化类比思考；
  3. 运用仿生类比方法进行小产品设计。
- 作业评价：1. 思维灵活并能自由表达；
  2. 能体现思考过程，而不是对某现成品的模仿；
  3. 模型制作精致，材料运用恰当。
- 阅读书目：1. [英]约翰·劳埃德，约翰·米奇森.动物趣谈[M]. 杨红珍译.南宁：广西科学技术出版社，2008.
  2. 刘道玉.创造思维方法训练[M].武汉：武汉大学出版社，2009.
  3. 于帆、陈嬿.仿生造型设计[M]. 武汉：华中科技大学出版社，2005.

2.1 类比

所谓类比，就是由两个对象的某些相同或相似的性质，推断它们在其他性质上也有可能相同或相似的一种推理形式。类比的出发点是对象之间的相似性，而相似对象又是具有多种多样的。达·芬奇是举世公认的杰出画家，从配有5000多幅插图的手记中可以看出，他所涉及的设计研究领域相当广泛，其中包括机械、建筑、水力、空气动力、声光学等等，他不但是一位博学的设计大师，更是一位善于向自然学习的类比高手。如图2-1所示是达·芬奇手记中的直升机设计方案。他把水的流动类比与空气的流动，并用当时广泛用于水驱动的螺旋桨安装在直升飞机上。为了在空气中能垂直地把人“拉起来”，他把螺旋轴改为垂直方向。限于当时技术设备的限制这个设计方案最终没能升空，但其设计理念和外形已很接近今天的直升机了。

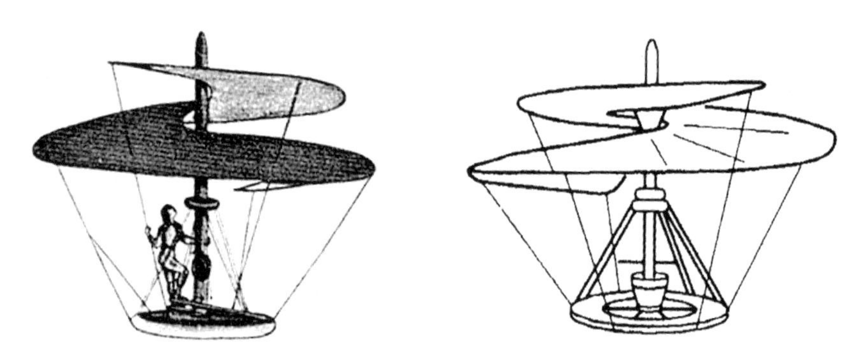

图2-1　达·芬奇手记中的直升机方案

相对于水流，电流是不可视的，虽然这两种物质属于不同的概念范畴，但依据两者之间的属性、关系上的类似，我们把无形的“电”借助有形的“水流”来加以认识和理解。于是就产生了：流水的阻力——电阻、水压——电压、流量——电流、导管——导线等等新概念。所以，类比思考的意义在于比较中创新，具体表现在以下两个方面：

a.发现未知属性，如果其中的一个对象具有某种属性，那么就可以推测另外一个与之类似对象也具有这种属性。地质学家李四光经过长期观察发现，我国东北松辽平原的地质结构与盛产石油的中东很相似，于是经过一番勘探，终于发现了大庆油田。

b.把一事物的某种属性应用在与之类似的另一事物上，可以带来新的功能。众所周知，泡沫塑料的质量很轻，而且具有良好的隔热隔音作用，这种特性的原因是在合成树脂中加入了发泡剂。有人由此想到在水泥中加入发泡剂，结果发明了质轻、隔热、隔音的气泡混凝土。

类比法又称综摄法，是由美国麻省理工学院教授弋登（W. J.Gordon）于1944年提出的一种利用外部事物启发思考的方法，并提出两个思考工具："异质同化"和"同质异化"。

"异质同化"是把看不习惯的事物当成早已习惯的熟悉事物。在问题没有解决前，这些事物对我们来说都是陌生的，异质同化就是要求我们在碰到一个完全陌生的事物时，运用所有经验和知识来分析、比较，并根据结果，作出很容易处理或很老练的态势，然后再去用什么方法，才能达到这一目的；"同质异化"则是对某些早已熟悉的事物，根据人的需要，从新的角度观察和研究，以摆脱陈旧固定的看法的桎梏，产生出新的构想，即可熟悉的事物化成陌生的事物看待。为了更好地运用异质同化、同质异化，弋登还提出了四种模拟技巧：

a.人格性的模拟——感情移入式的思考方法。设想自己变成该事物后，自己会有什么感觉，如何去行动，再寻找解决问题的方案。

b.直接性的模拟——以作为模拟的事物为范本，直接把研究对象范本联系起来进行思考，提出处理问题的方案。

c.想象性的模拟——利用人类的想象能力，通过童话、小说、幻想、谚语等来寻找灵感，以获取解决问题的方案。

d.象征性的模拟——把问题想象成物质性的，即非人格化的，然后借此激励脑力，开发创造潜力，以获取解决问题的方法。

实验课题05：根据下列题意作类比图解。

· 什么车像条蛇？

· 什么车像大象？

· 什么动物像挖土机？

· 什么动物像货运车？

· 什么动物像战车？

· 生物的哪些品质值得人类学习？

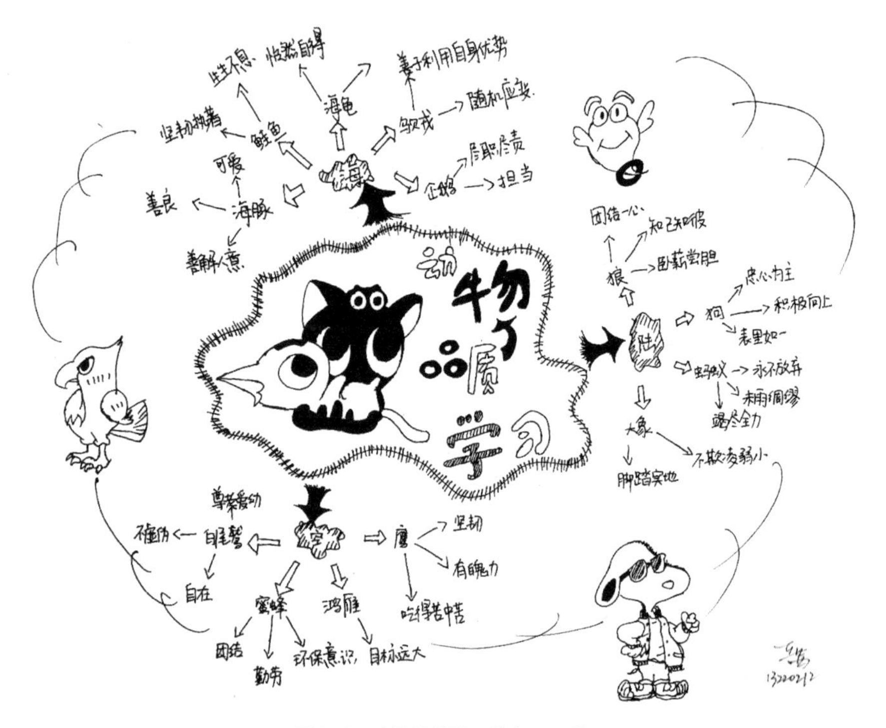

图2-2 动物的品质 作者：王茜

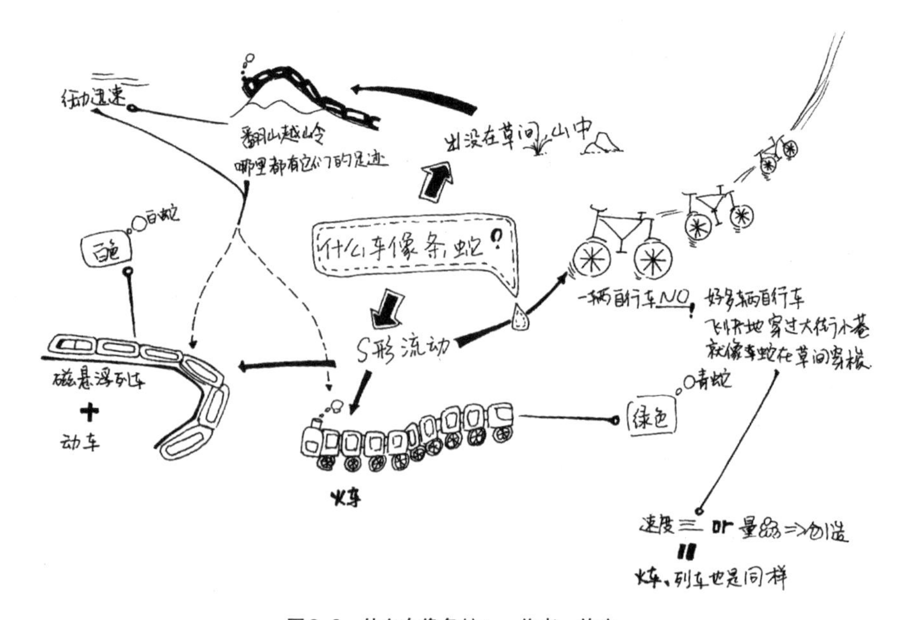

图2-3 什么车像条蛇？ 作者：施齐

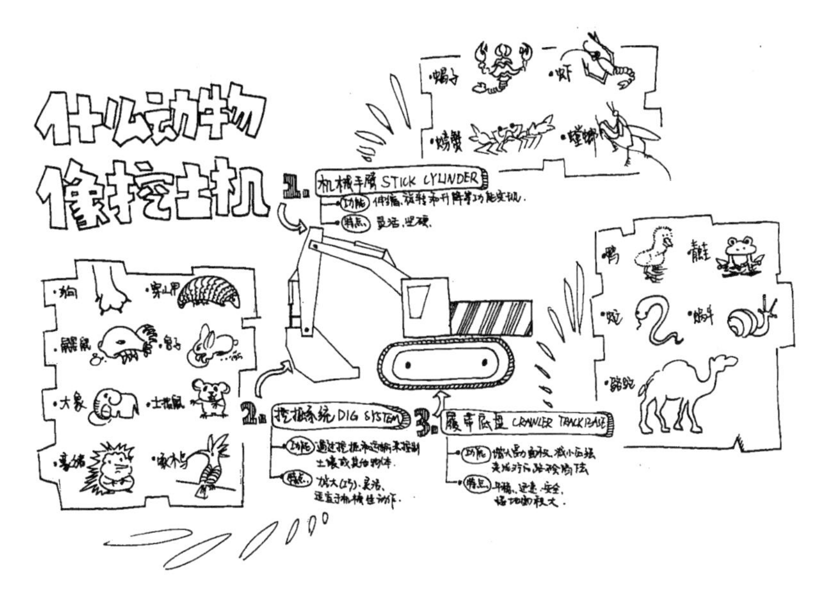

图2-4　什么动物像挖土机？　作者：孙樱迪

图2-5　什么动物像挖土机？　作者：王相洁

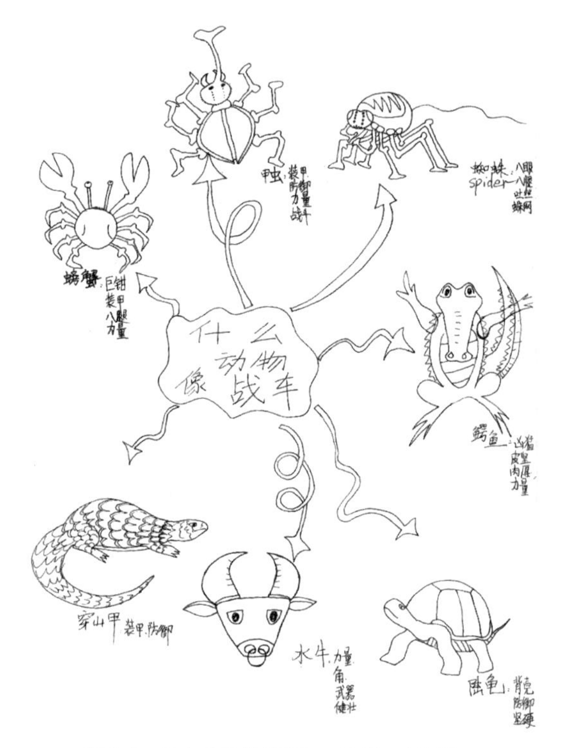

图2-6　什么动物像战车？　作者：史铁润

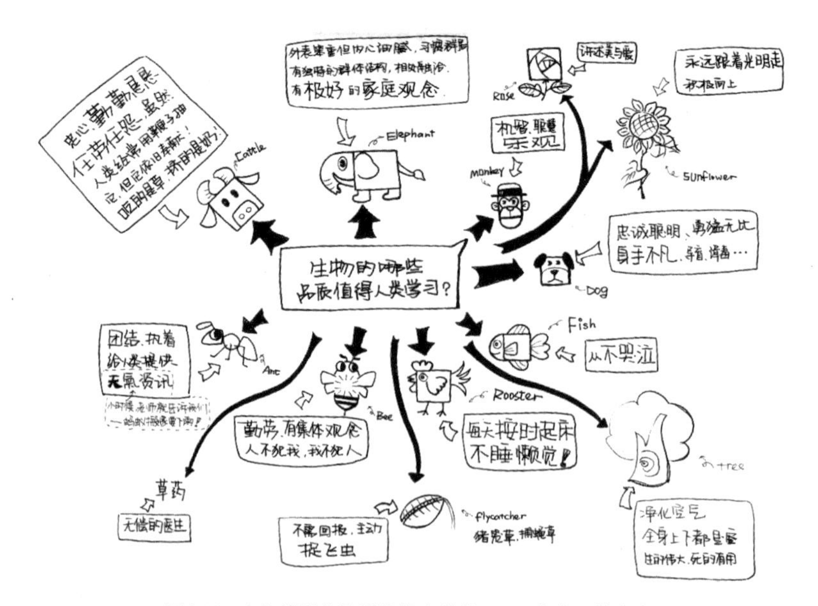

图2-7　生物的哪些品质值得人类学习？　作者：徐吉人

2.2　隐喻

类比的另一种形式就是比喻，比喻常常用在语文中，而用在设计中称之为隐喻。是把未知的东西变换成已知的事物进行传递的方式。例如：“车队蚂蚁般的前行”这个隐喻假定不清楚车队走得到底有多慢，但我们知道蚂蚁爬行的模样。这个隐喻即把蚂蚁的特征变换成了车队的特征。隐喻是通过寻找事物之间暗含的相似性来获得启发性的思考形式。一般来说，当用下列形式思考时，就是在运用隐喻：

a.试图通过类比的方法，从一个主题和概念的涉及范围出发去寻找另一个主题或者概念的涉及范围；

b.试图把一个事物当作另一个来看待；

c.通过比较或者范围的扩充，把注意力从对一个领域的关注和探究转移到另一个领域去，希望借此可以从一个新的角度使思考的主题更加精彩。

图2-8是以苹果为主题去寻找另一主题的作业。这个练习借助联想，产生非

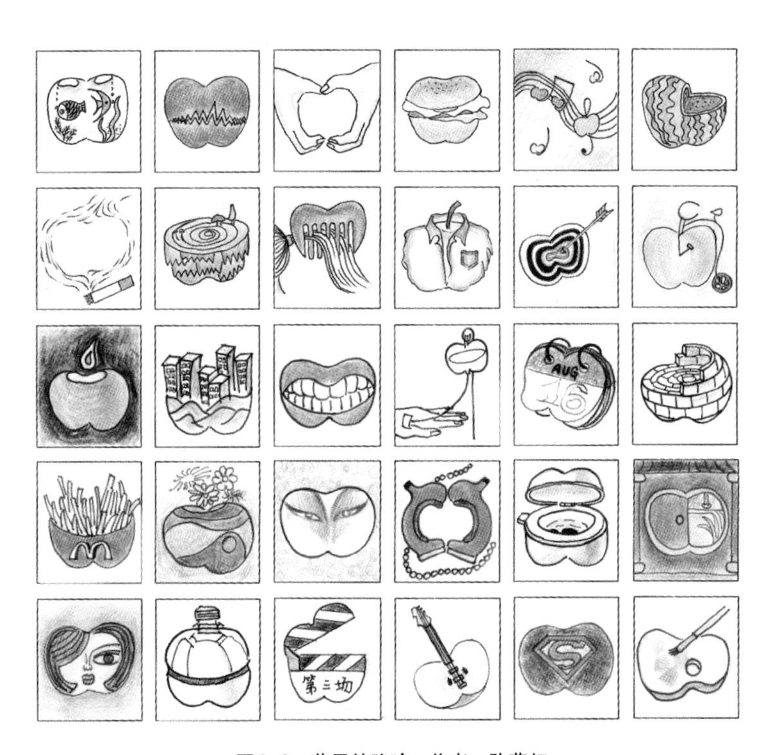

图2-8　苹果的隐喻　作者：陈燕虹

逻辑性的跳跃。从中可以看出，运用隐喻时情感发生的变化，对事物的认识会处于一种模糊、童真的状态，自然而然地放弃常规思维方式解决问题的做法，还会把以往存在于头脑深处的各种知识、信息和经验涌现出来。

下面通过设计作品来进一步理解三种广义上的隐喻：有形的、无形的和两者的结合。

a.无形的隐喻——从一个概念、一个主意、一种人的状态或者一种特质（自然的、社会的、传统的、文化的）带入的隐喻设计。如图2–9所示是来自欧洲设计师的“禅椅”。该作品的概念来自“深远、空无、极简、普度众生”的禅宗思想，通过椅子造型本身以及坐姿传达出对东方文化的隐喻。

b.有形的隐喻——从一些视觉的或是物质的属性（有外星人模样的榨汁机、像城堡的住宅）出发直接获取的隐喻；如图2–10所示的是像换气扇的CD播放机，只要将CD放进去，拉一下垂下来的绳子，就可以开始播放CD。这个过程就好像打开换气扇一样。把CD播放机做成换气扇的造型，也许会稍稍削弱一些作为音响器材的功能，但正是这种隐喻让听者的感觉变得更加敏锐。

c.有形与无形的结合——视觉和概念相互叠加作为创作出发点的要素。视觉因素是用来检验视觉载体的优点、性质和基础。如图2–11所示的插座无论在形态还是材料运用与现有产品相去甚远，却唤醒了一种关于细胞分裂生殖的隐喻。设计师在材料专家的帮助下，采用了修补人体的特殊材料，在视觉和触觉上给人另类的感觉，其肉嘟嘟的手感就像丘比特娃娃那样的可爱。

“提高类比和隐喻能力可以从两个方面入手：一是先记住一种事物的形象，在仔细观察其他的事物，从中发现两者之间的相同之处；二是可以随机选取两个物体，从某一方面进行比较，刚开始会觉得不可思议，甚至荒唐，做久了渐渐就会发现自己的隐喻能力大有进步。运用隐喻的关键是要求思维容忍不相关的事物，模糊事物的界限，要持一种游戏心态。否则，一切类比都无法进行，这是隐喻机制能发挥作用的重要心理条件。”①

实验课题06：根据下列题意作隐喻想象

提示：把两个看起来没有什么关系的事物联系起来，在“相似性”中发现隐喻。

· 杭州的保俶塔和竹笋哪个更挺拔？

· 时装模特走的"猫步"和金鱼哪个更优美？
· 气球和蜻蜓哪个更轻盈？
· 压路机和大象哪个更笨重？
· 变形金刚和大卫雕像哪个更酷？
· 石子路面和鳄鱼皮哪个更粗糙？

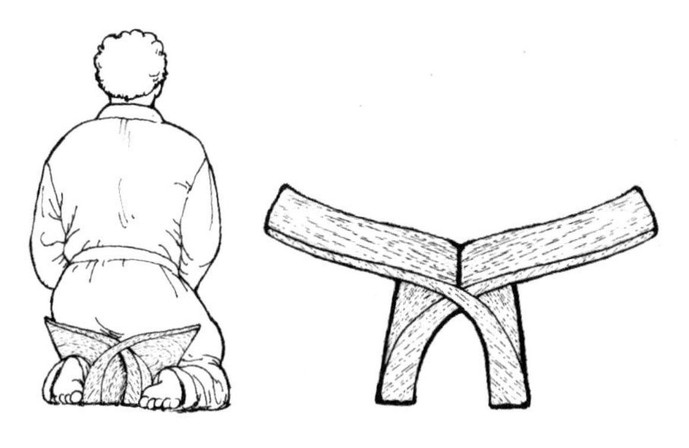

图2-9　禅椅　作者：挪威设计师

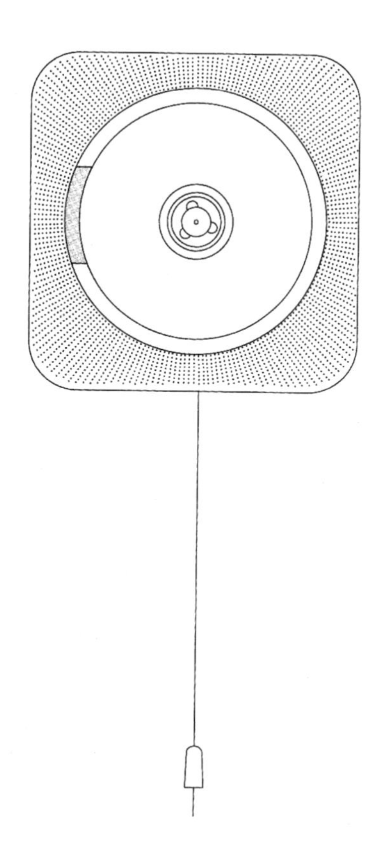

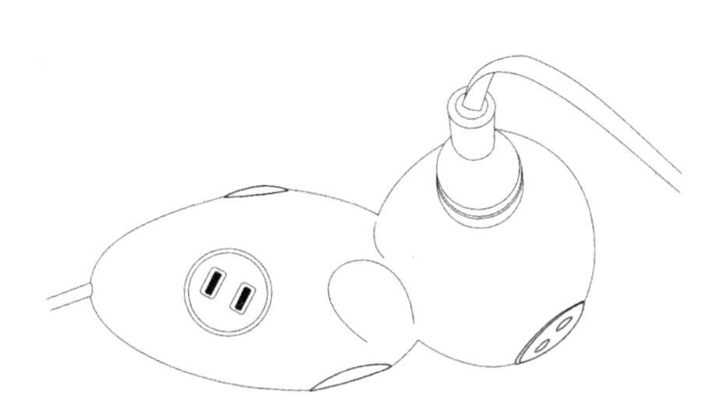

图2-11　妈妈的宝贝插座　作者：玛迪厄 · 曼区

图2-10　CD播放机　作者：深泽直人

2.3 仿生类比

人们在研究生物的某种特殊能力时，把设计构想与生物功能的相似点作为思考的依据，我们把找出与生物相似点的思考方法称为仿生类比。仿生类比区别于其他类比方法，它不是以一物推断另一物，而是以一物创造另一物。如图2-12所示是英国建造的可开合的桥梁。这是仿生设计的经典之作：以人的眼皮作为类比模型，桥的曲面提供了结构上的稳定性，就像人的眼皮一样。当眼皮被关上时，吊桥就放下来，行人和车辆可以通行；当有船只要通过时，眼皮就张开。

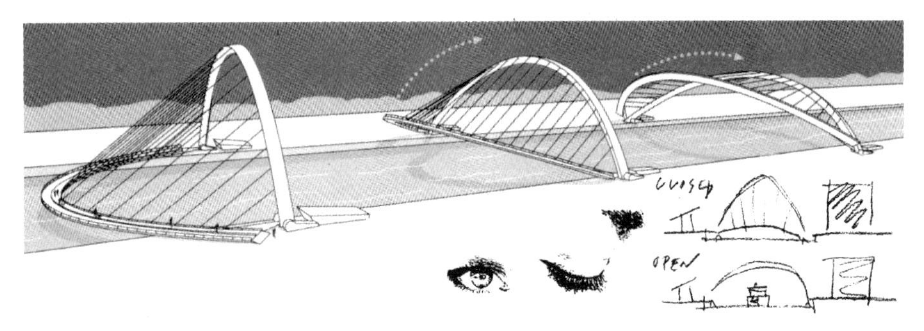

图2-12 基于对“眼皮”的仿生设计——盖茨黑德千禧桥设计方案与草图

在人类历史上，人造物可以说有相当部分是对自然万物的模仿，但作为一门完整意义上的仿生学却只有五六十年的历史，是专门研究如何在工程上应用生物功能的学科。仿生类比思考法则是对仿生学的应用，把生物的结构、功能和形态应用在产品设计中。下面就这三种仿生类比设计作介绍：

a.结构仿生—— 生物结构是自然选择与进化的重要内容，是决定生命形式与种类的因素，具有鲜明的生命特征和意义。结构仿生是通过对自然生物由内到外的结构特征的研究和启发而提出新的设计方案。瑞士工程师乔治·梅斯特劳一天回家，发现自己的外套上以及狗毛上沾满了牛蒡草，于是他取下其中一根，在显微镜下仔细观察，发现它的表面布满了小钩。这给了他极大的启迪，他开始设想两条不同的织物制造一种新型的纽扣——其中一条上面布满小钩，而另一条则织满小圆圈，对其来一压，它们就能紧紧地粘在一起了。梅斯特劳把它的发明叫做“维可牢”（velcro），这个名字是两个法语词velour（丝绒）和crochet（钩针）组合而成的（图2-13）。

b.功能仿生——生物在长期进化中已形成极为精确的生存机制，使它们具备了适应内外环境变化的能力。功能仿生是在研究生物体的功能原理基础上改进现有的技术系统，在仿生学和产品设计之间架起一座桥梁。举个例子：在开发超音速飞机时，设计师们遇到一个难题，即所谓“颤振折翼问题”。由于飞机航速快，机翼发生有害的颤动，飞行越快，机翼的颤振越剧烈，甚至使机翼折断，导致机坠人亡。这个问题曾经使设计师绞尽脑汁，最后终于在机翼前缘安放一个加重装置才有效地解决了这一难题。使人大吃一惊的是，小小的蜻蜓在三亿年前就解决了这个问题。仿生学研究表明：蜻蜓翅膀末端前缘都有一个发暗的色素斑——翅痣。翅痣区的翅膀比较厚，蜻蜓快速飞行时显得那么平稳，就是靠翅痣来消除翅膀颤振的（图2-14）。

图2-13　尼龙扣

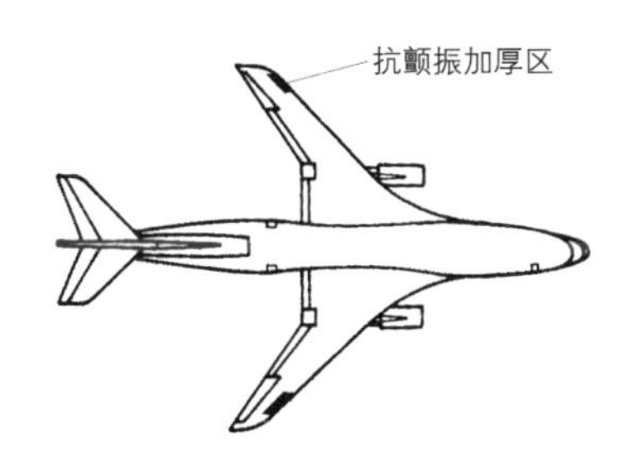

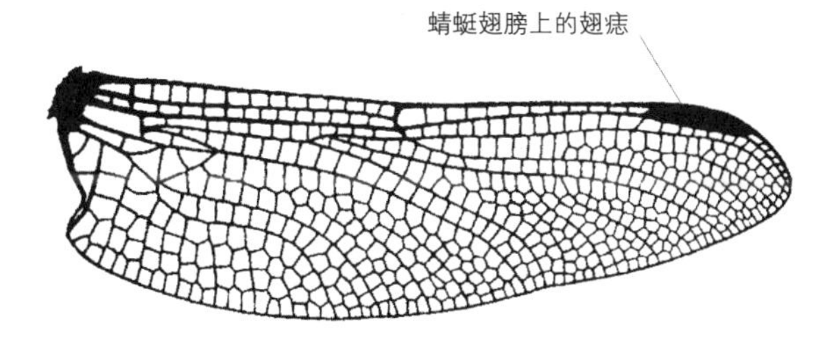

图2-14　蜻蜓翅痣与飞机抗颤振加厚区

图2-15　苍鹭台灯

c.形态仿生——是对生物的整体或某一部分形态特征进行模仿，并用于产品造型设计中。经典作品如“苍鹭台灯”（图2-15）在外形上把苍鹭的特征捕捉得惟妙惟肖。我们从图中可以看出，日本设计师在灯罩、连杆和灯座三者之间通过机构连接，巧妙的和生物原型的头、身和腿之间的关节一一对应。即使在使用过程中所产生的形态变化也与苍鹭的行走姿势有某种神似。最显著的特点，不管台灯的高度定位在哪个高度，灯的照明始终与桌面保持平行。

实验课题07：根据下列题意作图解思考

· 动物飞行原理

· 鸟类、昆虫、蝙蝠是如何上天的

· 鸟类、昆虫、蝙蝠翅膀结构分析

· 鸟类是如何起飞、降落的

· 鸟类（动物）是如何进食的

· 鸟的嘴型与食物的关系

· 动物爪子与食物的关系

· 动物牙齿与食物的关系

· 动物是如何睡觉的

· 动物是如何喝水的

· 动物是如何过冬的

· 动物捕食动作

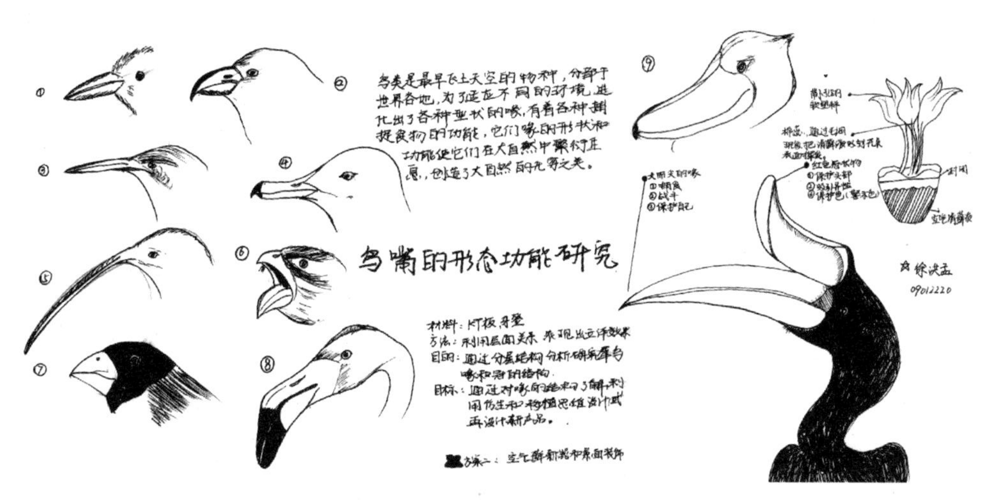

图2-16　鸟的嘴型与食物的关系　作者：徐洪孟

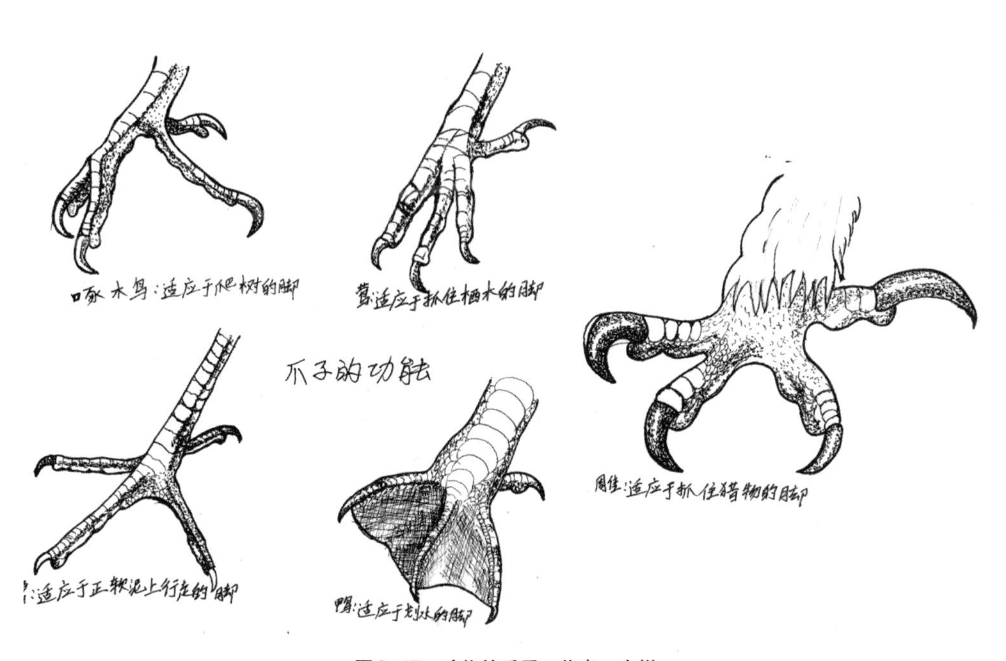

图2-17　动物的爪子　作者：童悦

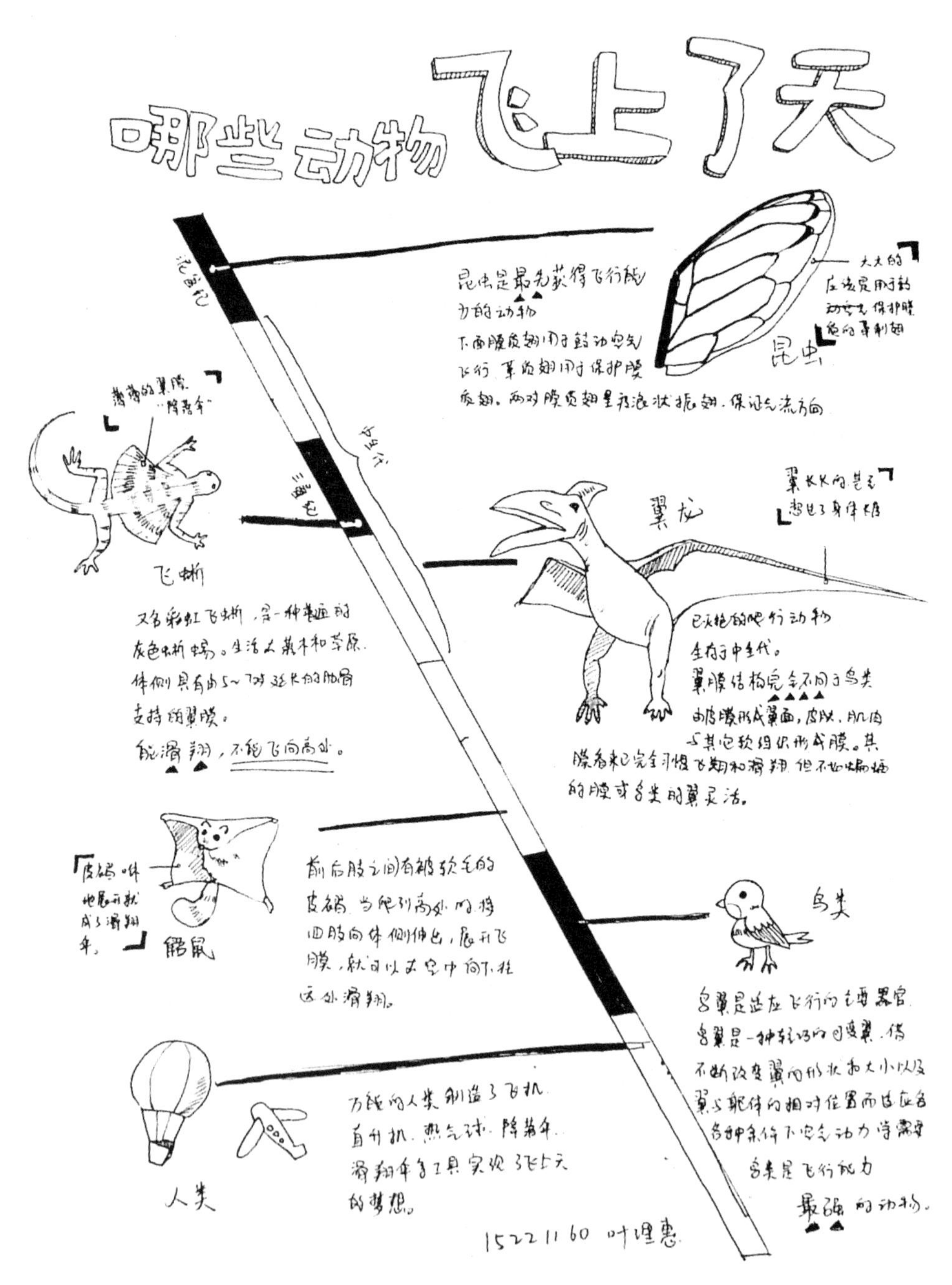

图2-18　哪些动物飞上了天　作者：叶理惠

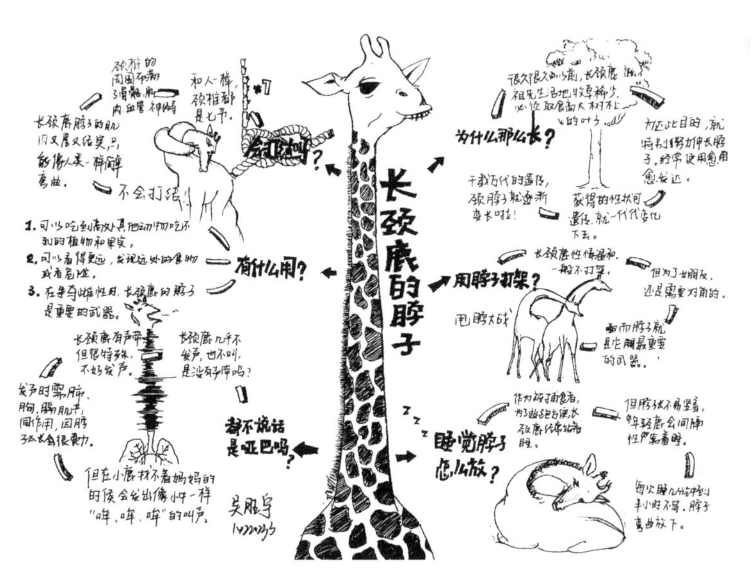

图2-19　长颈鹿的脖子　作者：吴胜宇

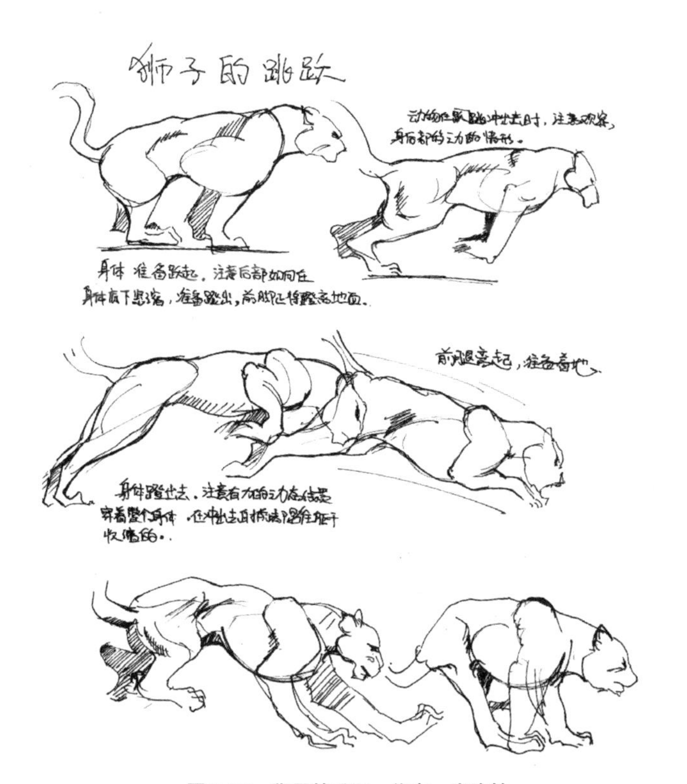

图2-20　狮子的跳跃　作者：张渝敏

实验课题08：模拟生物结构作设计构思

- 模拟动物形体结构设计一个灯具；
- 模拟植物花冠的结构设计一个灯具；
- 模拟树的结构设计一个晾衣架；
- 模拟贝壳的结构设计一个座具；

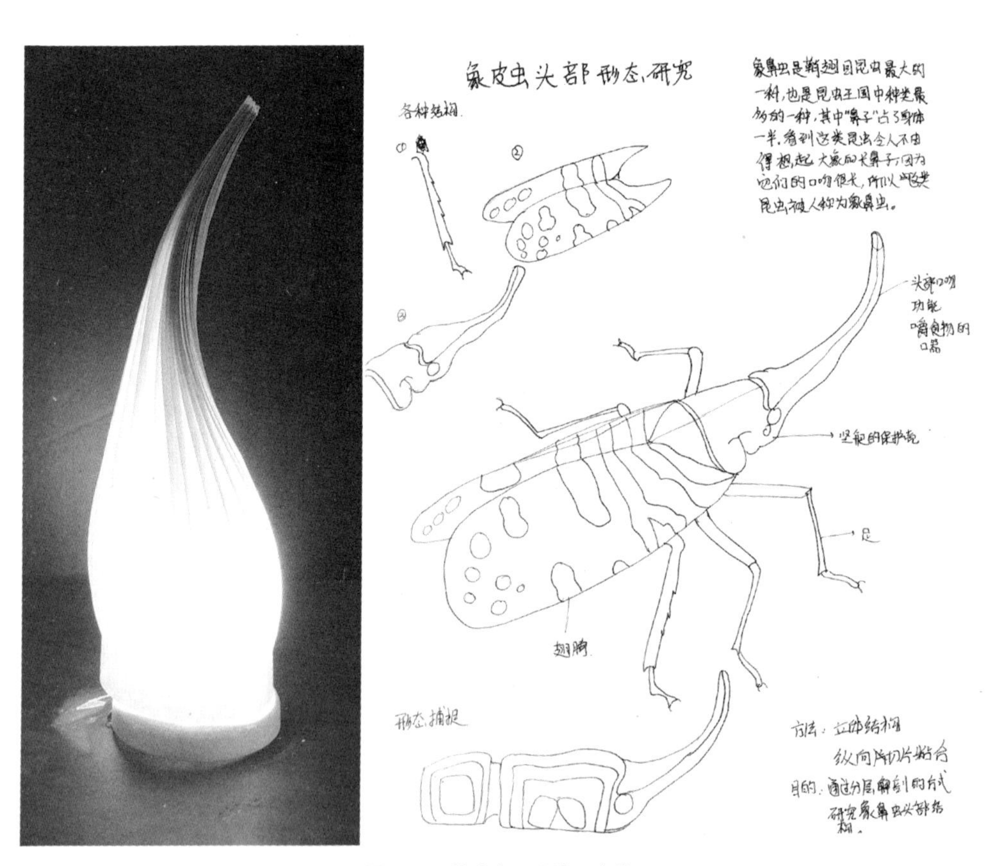

图2-21　橡皮虫　设计：陈漾

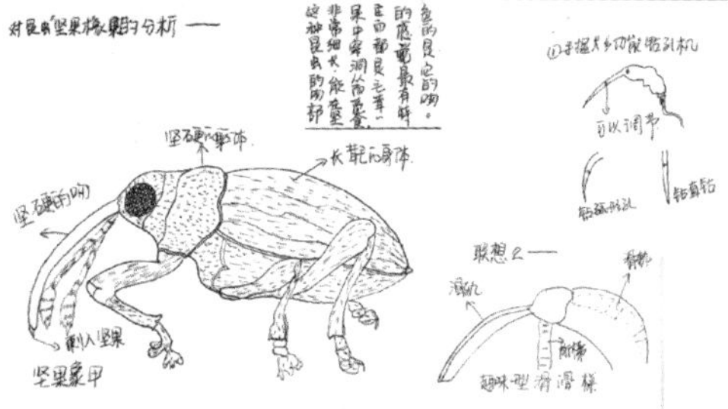

图2-22　甲虫　设计：王红丹

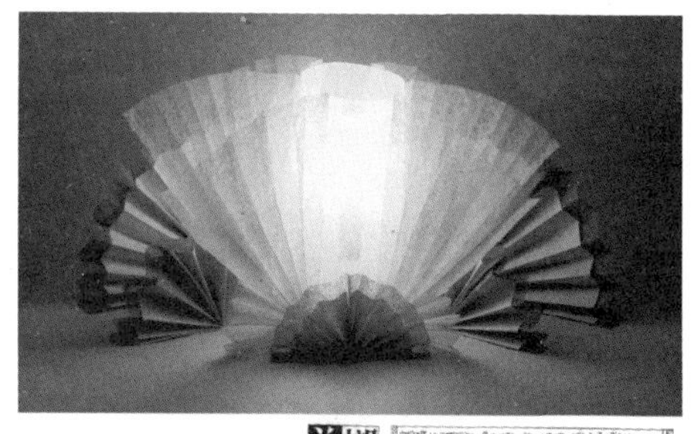

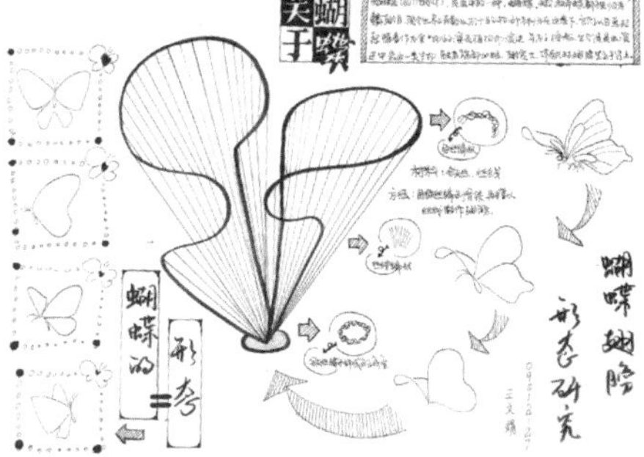

图2-23　蝴蝶　设计：王文娟

图2-24　树形　设计：单赟艳

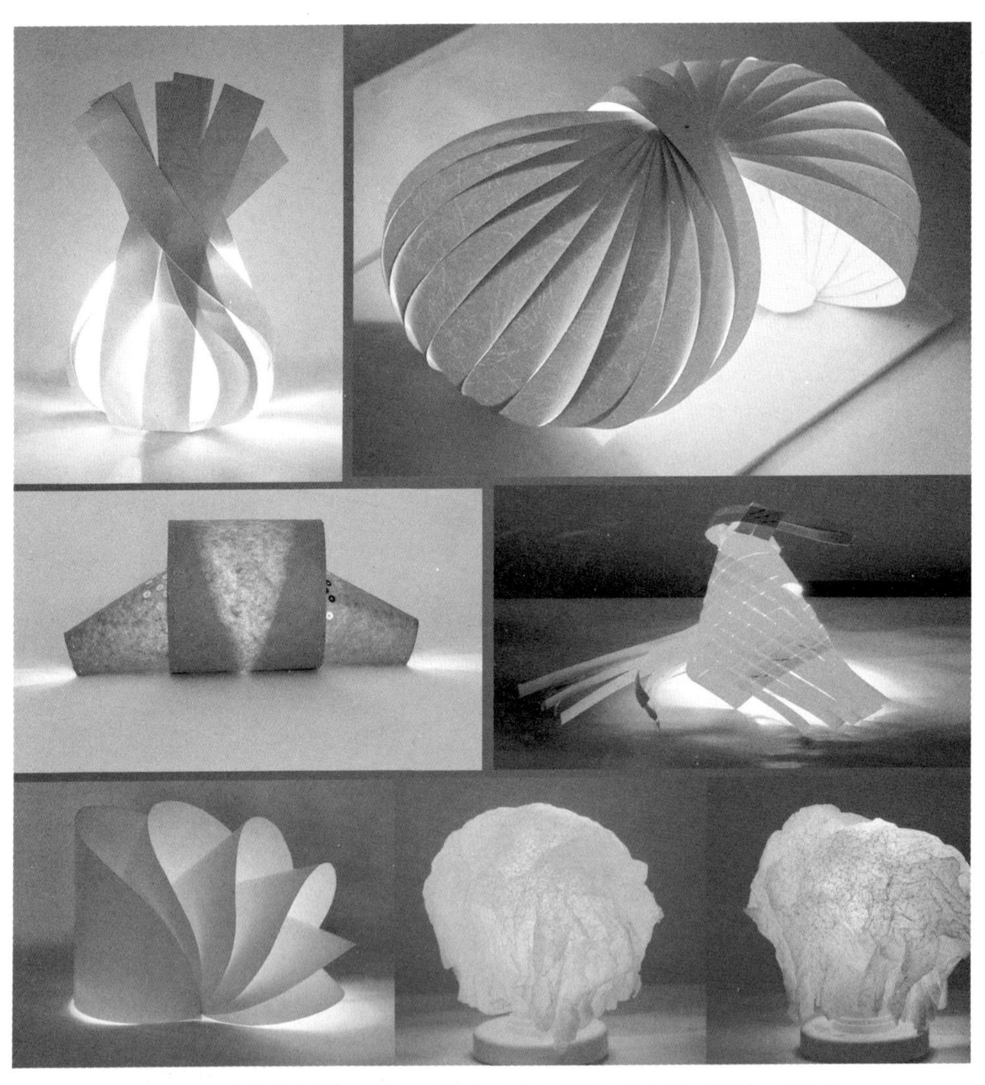

图2-25　生物模拟设计　设计：李明多、刘生、陈燕、邵俊燕、韦宏杰、郑沪丹

实验课题09：模拟生物的某个结构作剪刀创新设计

· 剪刀的思维导图；

· 模拟生物的某种结构、功能、形态进行剪刀设计；

· 根据自己的手型设计制作剪刀模型；

· 制作一份设计说明书。

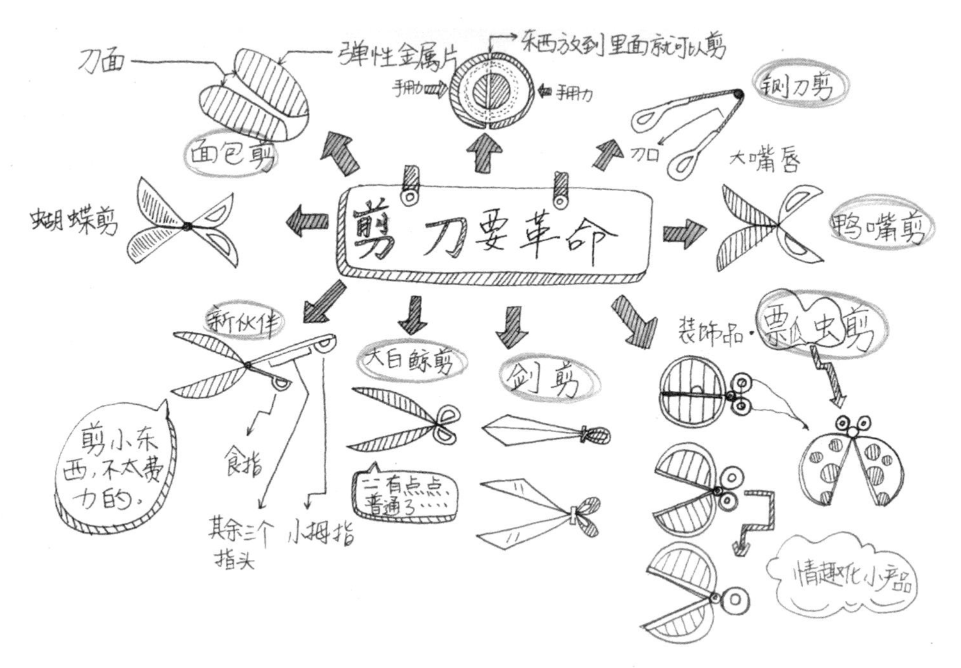

图2-26　剪刀的思维导图　设计：沈也

图2-27　根据自己的手型设计模型

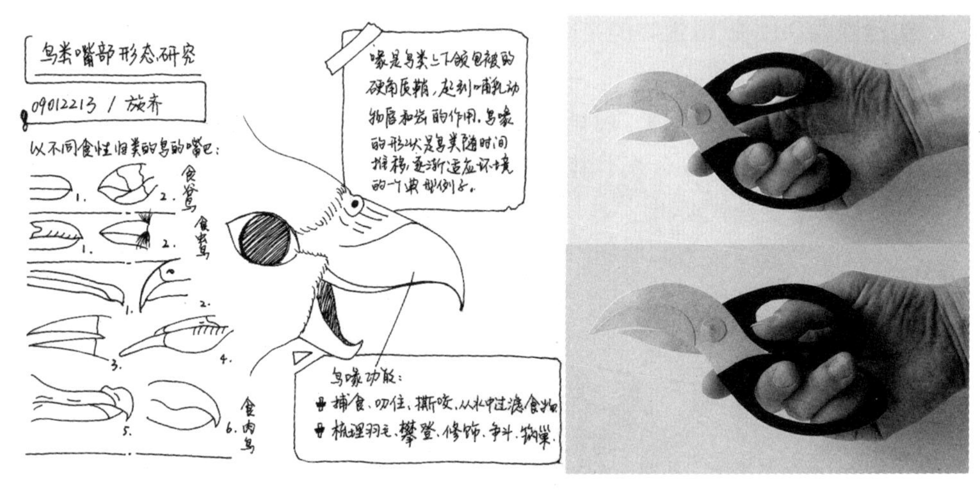

图2-28 仿生剪刀 设计：施齐

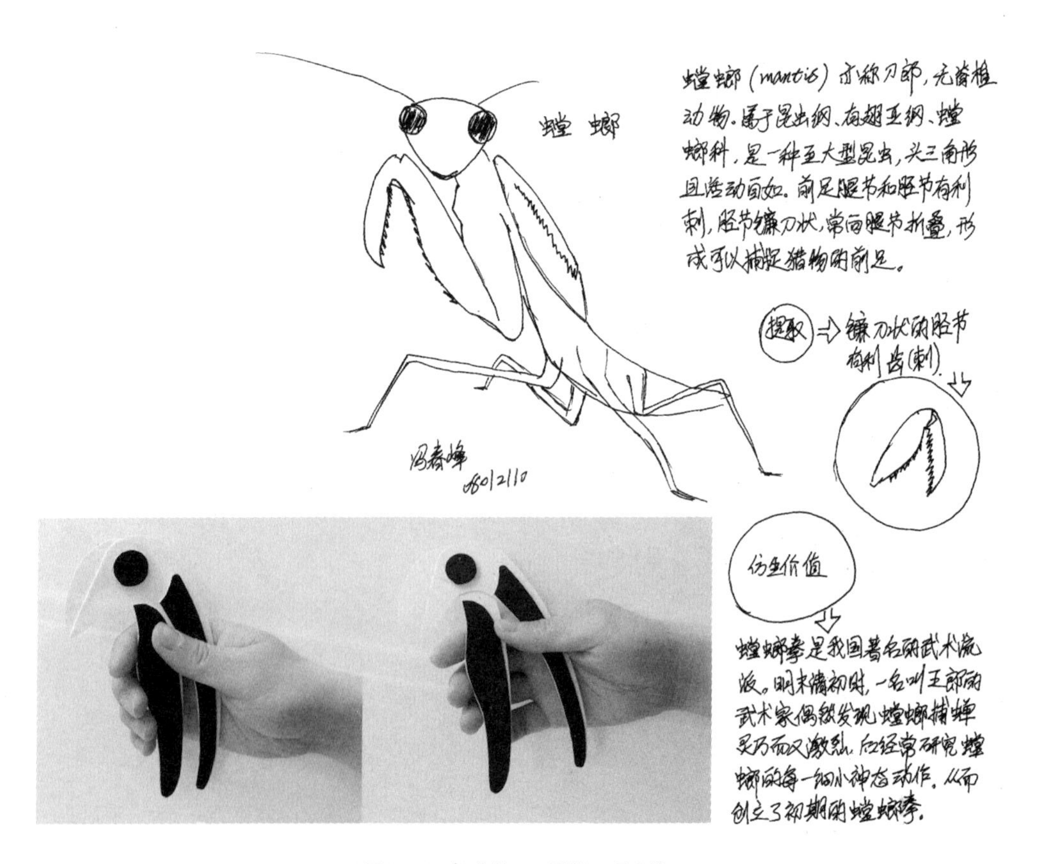

图2-29 仿生剪刀 设计：冯春峰

专题研究02：下意识

· 根据平时对生活的观察和思考，画一张“下意识”的思维导图；（见图2-30、图2-31）

· 组成三人研究小组，小组成员分工收集资料，各自对所阅读的资料在小组会上交流讨论；

· 经过阅读交流，每组写出关于“下意识”的课题综述；

· 小组成员交流思维导图，并从中提出尽可能多需要解决的问题，即定义问题；

· 选择一个方案进行深化设计；

· 手绘、模型、计算机作图均可，设计制作课题设计说明文本。

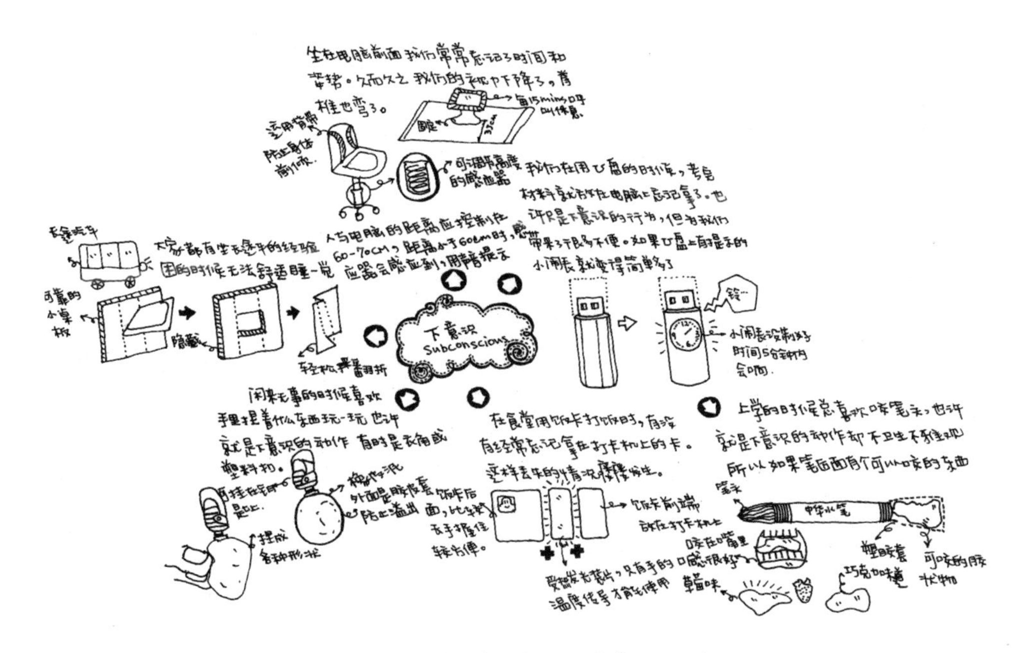

图2-30　下意识的思维导图　作者：田一禾

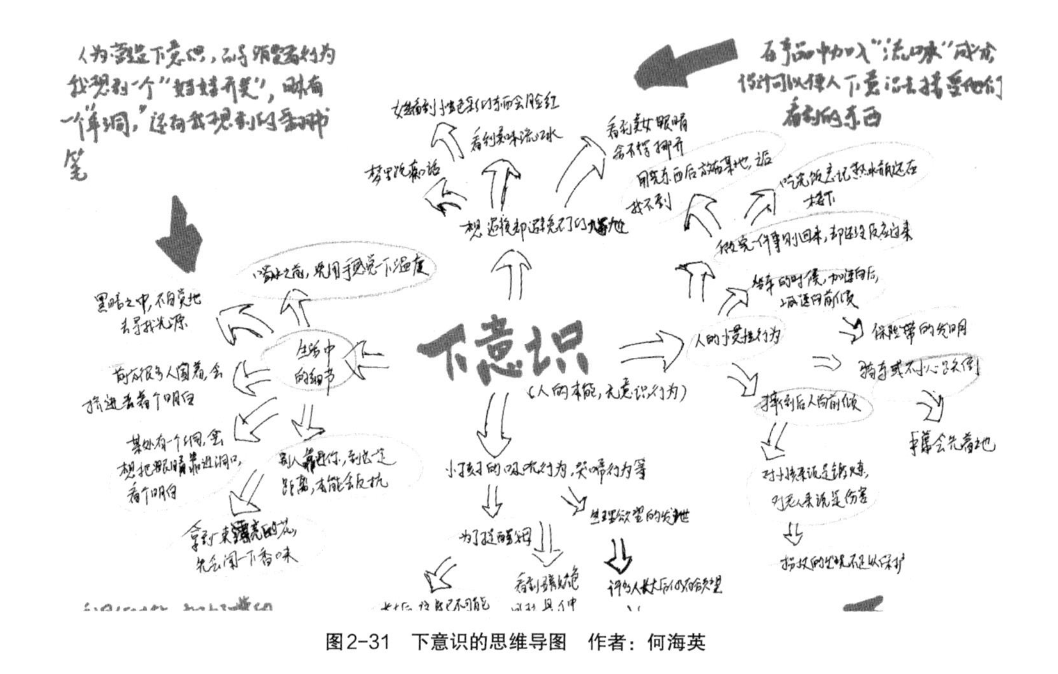

图2-31　下意识的思维导图　作者：何海英

“下意识”课题综述：

本课题看上去像个哲学命题，涉及人的意识、下意识、潜意识等哲学名词，随着阅读量的增加还会接触到弗洛伊德、认知心理学等等。相对于以前的课题，这个课题同学们可能会有“无从下手”的感觉——看不见、摸不到，人的意识却实实在在地存在。这样也好，不会“先入为主”地完成作业，而是先找书籍资料阅读，通过阅读和思考，我们的问题就会出现，做研究设计切忌“想当然”。

在日常生活中，我们的心理活动有些是能够被自己觉察到的，只要集中注意力，就会发觉内心不断有一个个观念、意象或情感流过，这种能够被自己意识到的心理活动叫做意识。而一些本能冲动、被压抑的欲望或生命力却在不知不觉的潜在境界里发生，因不符合社会道德和本人的理智，无法进入意识被个体所觉察，这种潜伏着的无法被觉察的思想、观念、欲望等心理活动被称之为潜意识。下意识乃界于意识与潜意识的层次中间，一些不愉快或痛苦的感觉、意念、回忆常被压存在下意识这个层次、一般情况下不会被个体所觉察，但当个体的控制能力松懈时比如醉酒、催眠状态或梦境中，偶尔会暂时出现在意识层次里，让个体觉察到。所以说，下意识是人的不自觉的行为趋向；而潜意识则是人心理上潜在的行为取向。我们发现，除了有个别字眼有不明显的区别外，这两个名词可说是很相类似的，而在文学领域内的这两个词一般是通用的。

参照弗洛伊德的心理学理论对二者进行比较，无论是下意识还是潜意识都是人在长期生活中的经验、心理作用、本能反应以及心理和情感的暗示等不同的精神状态在客观行为上的反映。二者的一般界限是行为的支配力不同，尽管表现相类，但我们可以通过仔细观察发现，下意识行为往往是由本能、性情或其他“人”本身的先天因素引起的，如我们在遇到危险时，总会下意识的产生“趋利避害”的想法，这是人进行自我保护的本能；而潜意识行为一般是有某种心理暗示或是在行为之初产生过有意识的思考而引起的。

美国西北大学计算机技术系教授诺曼在其著作《好用型设计》中对“有意识行为和下意识行为”有精辟的论述：②

人的很多行为都是在下意识状态中进行的，人自身意识不到，也察觉不出这种行为。学术界至今仍在激烈辩论着有意识思维和下意识思维之间的确切关系，以及由此派生的复杂的、不易解决的科学难题。

我认为下意识思维是一种模式匹配过程，它总是在过去的经验中寻找与目前情况最接近的模式。下意识活动的速度很快，而且是自动进行的，无须做出任何努力。下意识思维是人类的一大优点，因为他善于发现事物发展的总趋势，善于辨认新旧经验之间的关系，善于概括，并能根据少数几个事例推断出一般规律。然而，下意识思维也有其不足之处，既有时会建立起不恰当的，甚至是错误的匹配关系，将一般事例与罕见事例相混淆。下意识思维活动侧重于发现事物的规律和结构，它的功能有限，或许不能进行符号性操作和有步骤的严密推理。

有意识思维与下意识思维的区别相当大，它是一种缓慢而又费力的过程。在做出决定之前，我们总是反复斟酌，认真考虑各种可能性，比较各种不同的选择。有意识思维首先是考虑某种方法，然后再进行比较和解释。形式逻辑、数学和决定理论是有意识思维常用的工具。有意识和下意识这两种思维模式在人类生活中都是必不可少的，正是由于它们，人类才会有创造性地发现和知识上的飞跃，但两者都有可能出错，导致概念上的错误和失败。

诺曼在该书中通过分析人在日常生活中容易出错的种种行为，提出了导致其错误的心理因素。他认为：“差错有几种形式，其中最基本的两种类型是失误（slip）和错误（mistake）。失误因习惯行为引起，本来想做某件事，用于实现目标的下意识行为却在中途出了问题。失误是下意识的行为，错误则产生于意识行为中。”[③]

我们研究“下意识”的意义在于：通过对由下意识导致的人们在日常生活中发生的种种失误，提出在产品设计中的新思路。

诺曼总结了“失误”的六种类型：

a.撷取性失误

撷取性失误很常见，是指某个经常做的动作突然取代了想要做的动作。如，在哼唱一首歌，却突然间改了调，跳到另一首相似的、比较熟悉的歌曲上了；到卧室换衣服，准备去吃饭，后来却发现自己躺在床上；用计算机把文件打完后，忘记了存档，就把电源关了；星期天，本来要去商店购物，却不知不觉走到了办公室。如果两个不同的动作在最初阶段完全相同，其中一个动作不熟悉，但却非常熟悉另一个动作，就容易出现撷取性失误，而且通常都是不熟悉的动作被熟悉的动作所“抓获”。

b.描述性失误

如果本来预定要做的动作和其他动作很相似，而且预定动作在人们的头脑中有完整精确的描述，人们就不会失误，否则人们就会把它与其他动作混淆。例如，有个人在跑步后回到家里，把汗湿的上衣揉成一团，想扔进洗衣筐里，结果却仍进了马桶。假如他在筋疲力尽时，对预定动作的描述为“把上衣仍进敞口的容器内”，那么当他看到敞口容器只有洗衣筐时，他头脑中的这种描述是完全正确的。问题是，马桶也在他的视线之内，且与描述相符合，这就导致了他把衣服扔进马桶这一失误的发生。这种对行为意图的内心描述不够精确，描述出了错，导致的结果便是将正确的动作施加在错误的对象上。

一些产品的设计很容易造成失误，把外形相同的开关排列在一起为造成描述性失误创造了最佳条件。本想按某一开关，却把另一相似的开关按了下去，这种失误经常发生在工厂里、家里或飞机上。

c.数据干扰失误

人类的很多行为都是无意识的，例如用手拨开一只飞虫。无意识的行为是在环境刺激下产生的，也就是说感官上的刺激引发了无意识行为。有时这种因外界刺激而引发的动作会干扰某个正在进行着的动作，使人做出本来未曾计划要做的事。

例如：当我给客人安排房间后，给部门秘书打电话，告诉她房间号码，虽然我很熟悉秘书的电话号码，但却拨了房间号。

d.联想失误

如果外界信息可以引发某种动作，那么内在的思维和联想同样能够做到一点。一听到电话铃声或敲门声，我们就知道要去接待某人。由于一些观念和想法产生的联想也会引起失误。比如你心里在想一件不可告人的事，结果却脱口而出，让你非常尴尬。弗洛伊德曾经专门对此作过研究。

e.忘记动作目的造成的失误

忘记了本来要做的事是一件比较常见的失误。有趣的是，有时我们只会忘记其中的一部分。例如想喝可乐，走进厨房，突然接了一个电话，然后打开冰箱，却忘了自己要干什么。这种失误是由于激发目标的机制已经衰退，说得通俗一点就是“健忘”。

f.功能状态失误

功能状态失误常出现在使用多功能物品的过程中，因为适合于某一状态的操作在其他状态下则会产生不同的效果。如果物品的操作方法多于控制器或显示器的数目时，有些控制器就被赋予了双重功能，功能状态失误就难免会发生。如果物品上没有显示目前的功能状态，而是需要用户去记忆、去回忆，那就非常容易产生这类失误。

在使用电子表或计算机系统时，功能状态失误相当普遍。有几例商用飞机事故也归咎于这类失误，尤其是在事故发生时，飞行员使用的是自动驾驶功能，而这种功能的操作状态异常繁杂。

这些失误经常出现在我们习以为常的行为当中，其原因是日常生活中的大部分动作是机械的、下意识的，只需稍加注意甚至不需要注意就能完成的。所以，本课题是从日用品设计的角度研究失误的产生和预防失误的产生。

“下意识”的专题讨论：

江海波：工业社会的设计追求是给产品一个“有意味的形式”，后工业时代产品设计越来越深入人的心灵。对人的意识和下意识的研究就成了设计师的重要课题，这次把“下意识”作为训练课题，我想老师一定是出于这方面的考虑。前不久日本设计师深泽直人在深圳LOFT创意节的演讲主题就是“意识的核心”。他认为在任何情形、任何事情中都包含着某种我们的意识，如核心、中心元素的东西，这种核心与深层的设计有着极大的关系。比方说，这张照片（图2-32）上是一个铁栏杆，人们为什么会把这个牛奶往上放呢？因为这个栏

图2-32　路人会下意识地把空牛奶盒随手放在同样是方形的柱子上

杆的方形和这个牛奶盒的形状一样。再比如一个人在发短信的时候，他会沿着这条给盲人专用的道路走，他可以不用眼睛看而不走错。也就是说，这条黄色的，平时提供给盲人使用的路，当人在发短信的时候，又体现了它的新的价值。我们日常生活中的各种行为，比如走路、吃东西，这些行为都是一种去搜索价值的连续的行为。比如在走路的时候要看你的脚往哪儿踩，就是在寻找你的脚踩的一种价值，是一种寻找价值的连续的行为。人与物、环境达到完美的和谐的时候，就是找到了一种意识的核心。深泽直人先生作为一个设计师，这种对生活的细微观察以及思考角度对我们这些“准设计师”极具启发意义。

张峰：记得有位学者一段话印象较深：其实世界上最聪明的人就在每个人的身体里蕴含着，也可以认为是每个人的体内还有“另一个人”去做我们让他去做的大多数事情。你可以称之为“自然”或是“下意识的自己”，或者干脆叫它“神力”或“自然法则”。原来每个人还有另外一个自己，虽然我们忽视了他，但他从没有忘记过我们。这种意识是潜在的，但又不是无意识的活动，在适当的情景和环境下，就会被诱发。智障者舟舟的智商相当于四五岁的儿童，只要交响乐声响起，他立刻就成了指挥家，我们中的大多数人在这方面永远也达不到他那样的水平。在这方面我们不用自卑，肯定不是智商问题，因为下意识是与生俱来的，不是后天可以改变的。现实生活中有许多神童，他们超出常人的才华取决于独特的下意识。

何海英：国外也有个“盲人汤姆”，他可以在第一次听到某段音乐后，立即在钢琴上重新将其弹奏出来。大家都说他是超常的。但是他在某些方面和我们任何人都是一样的。人都是在下意识中活着、运动着，下意识经常赋予女人们一种“直觉”，这种直觉可以将男人们也许要花上几个小时痛苦思索才可能得出的结论直接传授给了女人。即使是平常的时候，一些日常琐事也会惊讶于它不可思议的智慧。

邵俊艳：正常情况下，人的活动都是有意识的活动，要干什么，都是清楚的。但是，在比较复杂的情况下会有部分不被意识控制的时候。就像在汶川地震那样的突发性灾难中，当一个母亲听到儿子在灾难现场的一瞬间，她会不顾一切下意识地狂奔，会向废墟中的儿子猛扑过去，急切地呼唤儿子的名字，用双手摇动儿子的身躯。在这个时候只意识到一点，就是尽快求助救援人员来救孩子。其他动作、表情、姿态、手势、语言、情感等等都是自然而然产生的，并不被意识到，这就是所谓的下意识。此外，人在每一个瞬间只能有一个意识的主要点，其他则为注意的边缘。譬如我们去车站接人，注意对象就放在要接的人身上，其他就成为注意的边缘。注意的中心是有意识的，注意的边缘往往是下意识的。

高玲玲：在大卫·布什所著的《实践心理学与性生活》中写道："下意识在我们深睡的时候负责消化、成长……它将意识直到事情结束了都还没有意识到的一些东西揭示给我们看。无需感官的帮助，它也能和其他思想交流。它能捕捉到一般的视力无法看到的东西。它会对即将到来的危险做出预警。它会对行动或是对话表示赞成或不赞成。所有交给它的事情，它都会做到最好，这是意识无法阻挡的，而且会改变它的表现形式。一旦它得到鼓励，它就会治疗身体的痛楚，并保持身体健康。"简而言之，它是生活中最重要的力量，而且如果指导得当，会受益匪浅。但是，它也像一根火线，破坏力也一样强。它可以成为你的仆人，也可以做你的主宰。可能会给你带来好运，当然，也可能带去灾难。下意识指导全身所有重要的过程。人不会去认真地思考呼吸情况，在每次呼吸的时候，不必去做推理、决策、命令，这是下意识在负责这些事情。同样，在阅 读这段文字的时候，并没有意识到是你在指挥心脏跳动，下意识在负责这个事情。它也负责对食物的消化吸收、身体的成长和恢复。事实上，下意识负责着所有重要的生理过程。

褚志华：人们常常认为应该尽量避免出错，或者是认为只有那些不熟悉技术或不认真工作的人才会犯错误。其实每个人都会出错。设计人员的错误则在于没有把人的差错这一因素考虑在内，而仅仅去追求所谓的"美"，这样就违背了"以人为本"的原则，设计出的产品容易造成操作上的失误，或使操作者难以发现差错，即使发现了，也无法及时纠正。因此我们在进行产品设计的过程中应该注意：1.了解各种导致差错的因素，在设计中，尽量减少这些因素。2.使操作者能够撤销以前的指令，或者是增加那些不能逆转的操作的难度。3.使操作者能够比较容易地发现并纠正差错。4.改变对差错的态度。要认为操作者不过是想完成某一任务，只是采取的措施不够完美，不要认为操作者是在犯错误。人们在出现差错时，通常都能找到正当的理由。如果出现的差错属于错误的范畴，往往就是因为用户所能得到的信息不够完整或是信息对用户产生了误导作用。如果是失误，就很可能是设计上的弊端或者是因操作者精力不集中造成的。一旦你设身处地想明白人们出错的原因，就会发现大多数差错都是可以理解的，而且合乎逻辑。不要惩罚那些出错的人，也不要为此动怒。但尤为重要的是，不要对差错置之不理。作为一个设计人员，应该想办法设计出可以容错的系统，人们正常的行为并非总是准确无误的，要尽量让用户很容易发现差错，且能采取相应的矫正措施。

郑文懿：我们平时的言行都会受潜意识影响。而潜意识又分个人潜意识和集体潜意识，明显地，集体潜意识对于我们设计领域上意义更大些，有专家做过各种各样由于潜意识和本能造成的失误过失。对人类而言，在特殊情况下，特殊状态下便会犯错误，我们可以尝试通过设计去避免，把这些“情况”预先考虑。这点可谓意义重大。比如，电影院曾经发生火灾，人群拼命外逃，结果堵在门口处而造成惨剧。研究表明，这是因为大门设计是从外往里推的，二人在危急时会下意识地往外推门，恰恰这样，灾难时阻碍了逃生的通道。后来，影院的大门设计改良后，伤亡率大大降低。又如飞机或什么设备的控制室，有些按钮外形相似，危急时操作者就很容易按错，还有通向地下室的楼梯……所以，我们要在设计中避免因潜意识引起的失误，或在设计中利用潜意识倡导某些行为。

问题定义：

a.怎样防止经常性的动作替代想要做的事？

b.怎样使对行为意图的内心描述不够精确时，而导致描述出错？

c.如何避免因外界刺激而引发的动作干扰某个正在进行着的动作，而做未曾计划的事？

d.如果外界信息可以引发某种动作，内在的思维和联想同样能够做到？

e.如何避免忘记了本来要做的事？

f.如果物品上没有显示目前的功能状态，而是需要记忆回忆，就容易产生失误。

注释：

①罗玲玲.建筑设计创造能力开发教程[M].北京：中国建筑工业出版社，2003：103.

②[美]唐纳德·诺曼.好用型设计[M].梅琼译.北京：中信出版社，2007：132.

③[美]唐纳德·诺曼.好用型设计[M].梅琼译.北京：中信出版社，2007：112.

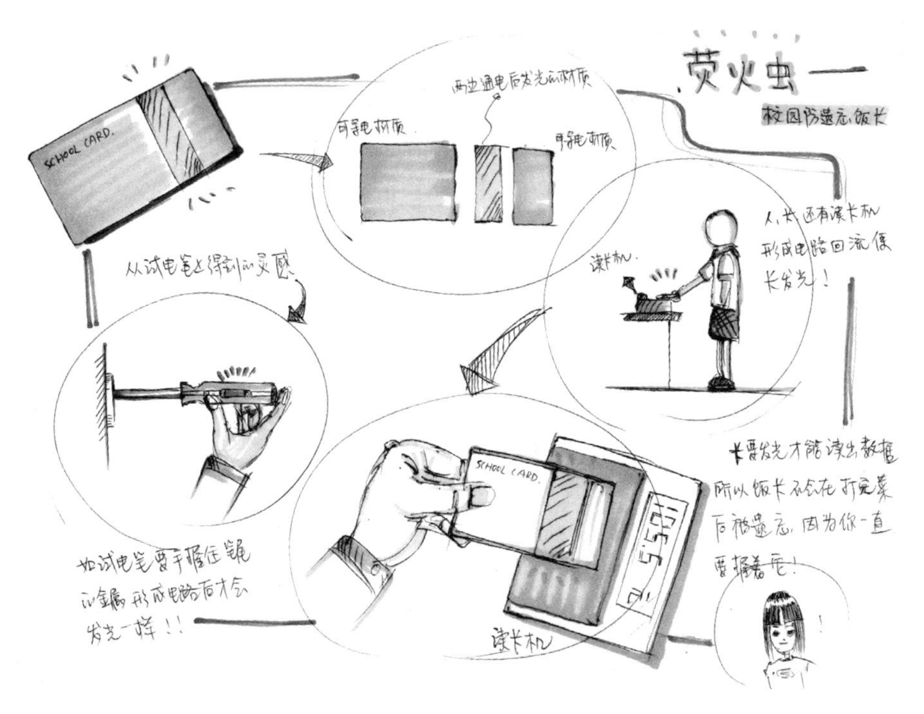

图2-33　防遗忘的饭卡　设计：刘文伟

图2-34　泡面盒上的灭烟槽　设计：江海波

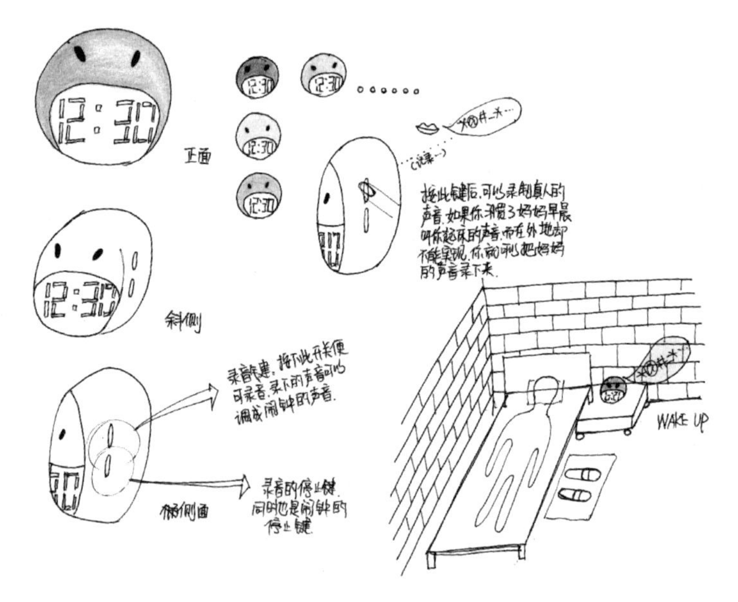

图2-35　录音闹钟　设计：高玲玲

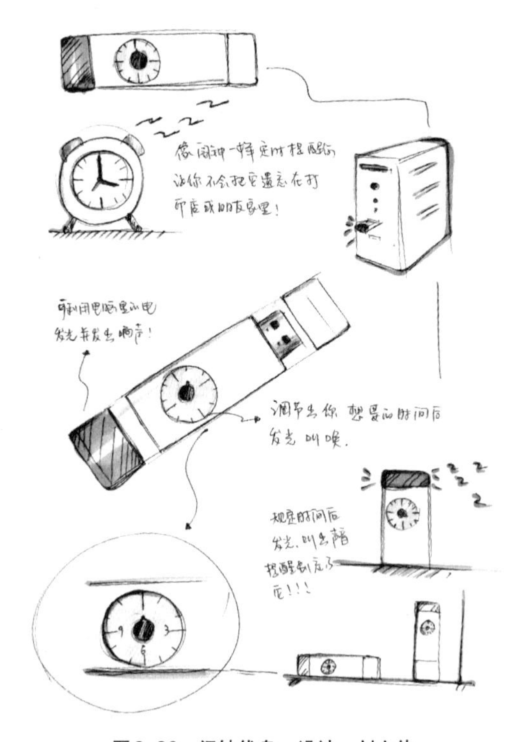

图2-36　闹钟优盘　设计：刘文伟

第3章
多维思考

- 教学内容：逆向、横向思维和头脑风暴的原理与方法。
- 教学目的：1. 摆脱习惯思维模式，面对问题能提供多种解决方案；
  2. 提高对生活细节的敏感度，能从周边的事物激发好奇心；
  3. 在提高观察思考能力的基础上，提升视觉表达能力。
- 教学方式：1. 用多媒体课件作理论讲授；
  2. 在课堂上完成逆向、横向思维等练习以及小组头脑风暴练习，学生互评和教师讲评相结合。
- 教学要求：1. 掌握多维思考的技巧，能“跳出框框”看待问题和解决问题；
  2. 通过课堂训练，提高思维的流畅性、变通性和独特性。
- 作业评价：1. 感知觉能力敏锐，并有清晰的表达；
  2. 思维的广度比深度重要。
- 阅读书目：1. 梁良良. 创造思维训练[M]. 北京：新世界出版社，2006.
  2. 余华东. 创新思维训练教程[M]. 北京：人民邮电出版社，2007.
  3. [美]麦克尔・盖博. 像达・芬奇那样思考[M]. 北京：新华出版社，2002.

3.1　逆向思考

“保护地球是每个人的职责！”

作为一句环保口号，起到正面教育和警示作用。如果换一种方式提问：“有哪些行为可以毁灭地球？”，听上去很雷人的问题却可以引发成百上千个答案，这些答案可以具体落实到某种行为，不同的人会根据各自的立场和角度来做出不同回答。下面的练习就是同学们在教室里20分钟内作出的回答。

实验课题10：保护地球是每个人的职责。

逆向思考：保护——破坏

问题：有哪些行为可以毁灭地球？

“有哪些行为可以毁灭地球？”的答案：

1.使用一次性用具；2.开长明灯；3.大量使用农药；4.乱扔电池；5.大量排放二氧化碳；6.燃放烟花爆竹；7.核威胁；8.浪费水资源；9.围湖造田；10.战争；11.开大排量车；12.捕杀野生动物；13.使用含P洗衣粉；14.践踏花草；15.政府腐败；16.CPI直线上升；17.瘟疫；18.穿皮草服装；19.吸烟；20.生活垃圾不分类；21.火烧森林；22.乱用抗生素；23.人口暴涨；24.发表伪学术论文；25.乱出书；26.抽烟；27.行星撞击；28.使用含氟冰箱；29.乱堆垃圾；30.乱用抗生素；31.过度开采矿产；32.吃口香糖；33.过度包装商品；34.大量使用纸巾；35.污染海洋；36.毁坏树木；37.浪费粮食；38.土葬；39.乱砍滥伐；40.气象灾害；41.外星生命入侵；42.变异病毒；43.把野生动物关进动物园……

这种从“反过来”思考问题的方式称之为逆向思考，是指从思考对象的反面寻找解决问题的方法。最初提出这种创新思考法的哈佛大学艾伯特·罗森教授把它描述为“站在对立面进行思考”。从前面的例子中看出，对一句正面的口号反向思考可以产生更为具体的众多“措施”来防止问题的产生。逆向思考正是通过对问题另一面深入挖掘事物的本质属性，来开拓解决问题的新思路。如果对“健康生活每一天”的逆向提问：“想生病有哪些方法？”（图3-6）。面对看似荒唐的问题，同学们在新鲜角度下找到了更多“鲜活的答案”，更为重要的是改变了原来对“健康”的思维定式。

所谓“思维定式”，具体一点就是“从众心理”，这是现代人都有的社会心理：不出格、随大流、人云亦云。人之所以需要“从众心理”完全源于高度组织化、社会化、法制化的现代生活。试想一下，如果没有这种心理机制，作为个体的人就无法立足于现代社会。就像在都市马路上不能在中间行走；口中有痰不能随意吐出口；气温再高不能赤身裸体行走在大街上等等，当然这些都是现代文明的基本要求。通常情况下，“从众”比较有效、经济、安全，能解决生活中的常规问题，不用花太多心思也能把事情做好。今天大力提倡所谓的“创新”，从某种程度上讲就是要克服这种从众心理。因为这种心理维持的是“常规”，长此以往整个社会就不能进步。

逆向思考作为一种思维工具，帮助我们暂时摆脱“从众心理”，从逆向的、非常规的角度去看待问题，以其找到解决问题的新视角。我们要建立这样的观念，即在思考问题或设计过程中，并不存在一条明显的正确思路，对客观事物经常从相反的方向思考，这样才能改变常规的心理定式，才能产生新的创意。

由此看来，所谓“逆向”就是改变思维的方向，在设计思考中主要体现在以下几个方面：

a.形态的逆向思考——从产品的形态、尺寸大小进行逆向思考。如图3-1所示的落地灯就是把原来的台灯尺寸放大三倍。据说这款灯具设计是为了纪念灯具制造商七十周年而设计的限量版产品，这件独特的产品提升了公司形象。

b.功能的逆向思考——如图3-2所示的花盆是由聚亚安酯制成。这个花盆的奇妙之处是除了花盆之外，还可以在翻边后做成雨伞架，设计师在此做了功能的逆向处理。

图3-1 台灯的逆向思考 设计：乔治·卡伐蒂尼 图3-2 花盆的逆向思考 设计：约翰尼斯·偌兰德

c.结构的逆向思考——市场上的卷筒卫生纸其内芯都是圆形的，而有位日本建筑师却把它设计成方形的，如图3-3所示。这种结构上的逆向思考显然不是为了形态上的标新立异，而是为了在使用时产生一点“不方便”——不那么滑顺地抽下纸来，还会发出“咔嗒——咔嗒”的响声，据说这种响声会在使用者的心理上造成节约资源的暗示。此外，由于圆芯卫生纸在排列装箱时彼此间的间隙较大，而方芯卷筒卫生纸在包装上可以节约更多空间，从而降低了运输成本。

d.状态的逆向思考——将使用状态和使用环境等进行逆向设计而产生新奇感。如图3-4所示的可加油的油灯是用剩余的手榴弹重新镀金制成的。它具有了一种全新感觉：手榴弹从一种对战争的阴暗象征转变成了一个明亮的桌面装饰。

e.因果关系的逆向思考——如图3-5所示的纸杯上的图案是造纸过程中的各个环节。把“树木变纸材”的因果关系形象地展示给终端使用者，有助于消费者作出行为判断。

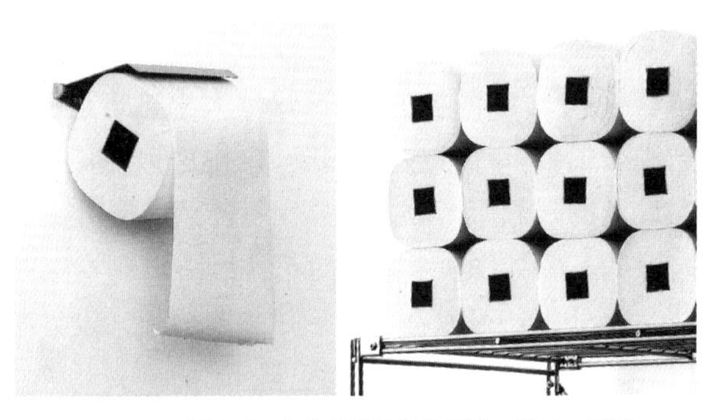

图3-3　卫生纸筒的逆向思考　设计：坂茂

图3-4　手榴弹的逆向思考　设计：皮特·霍腾巴斯

图3-5　纸杯的逆向思考　设计：耶利米 · 塔索林

实验课题11：健康生活每一天

· 逆向思考：想生病有哪些方法？

· 作思维导图，20分钟内能产生多少“方案”。

图3-6　我想生病　作者：沈也

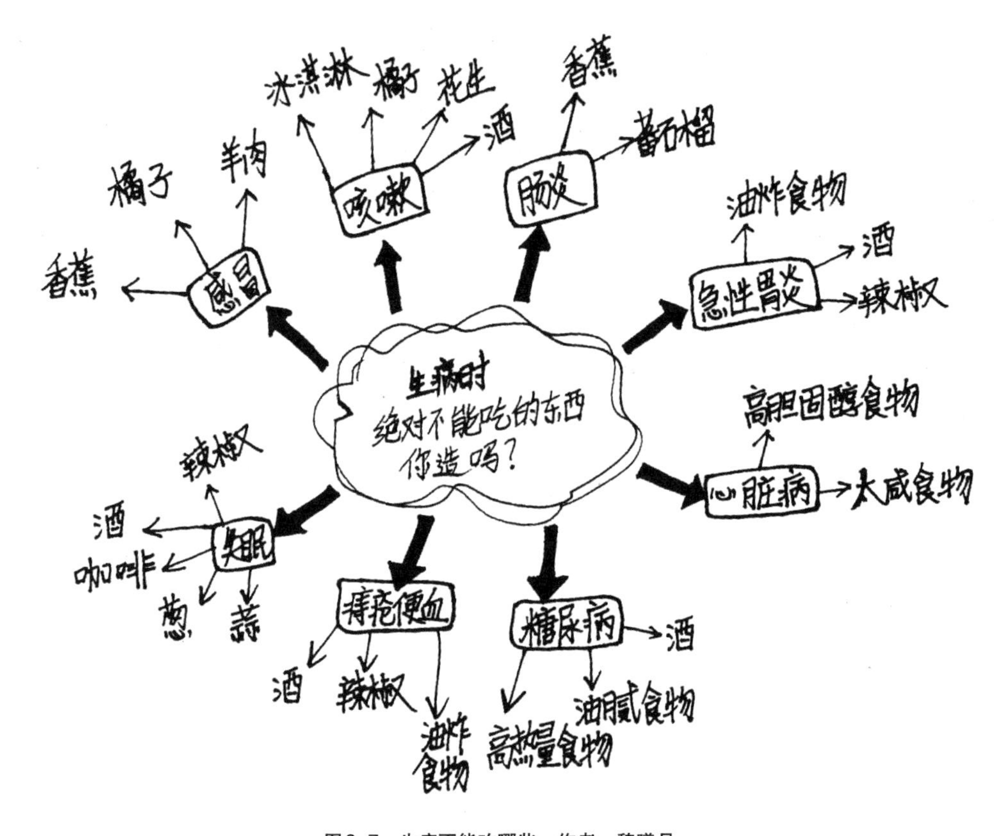

图3-7　生病不能吃哪些　作者：魏曦月

实验课题12：请用“否定视角”思考下列事物

· 天下无贼；

· 房价暴跌；

· 找到一份好工作。

实验课题13：请用“肯定视角”思考下列事物

· 经济低迷

· 大病一场

· 朋友背叛

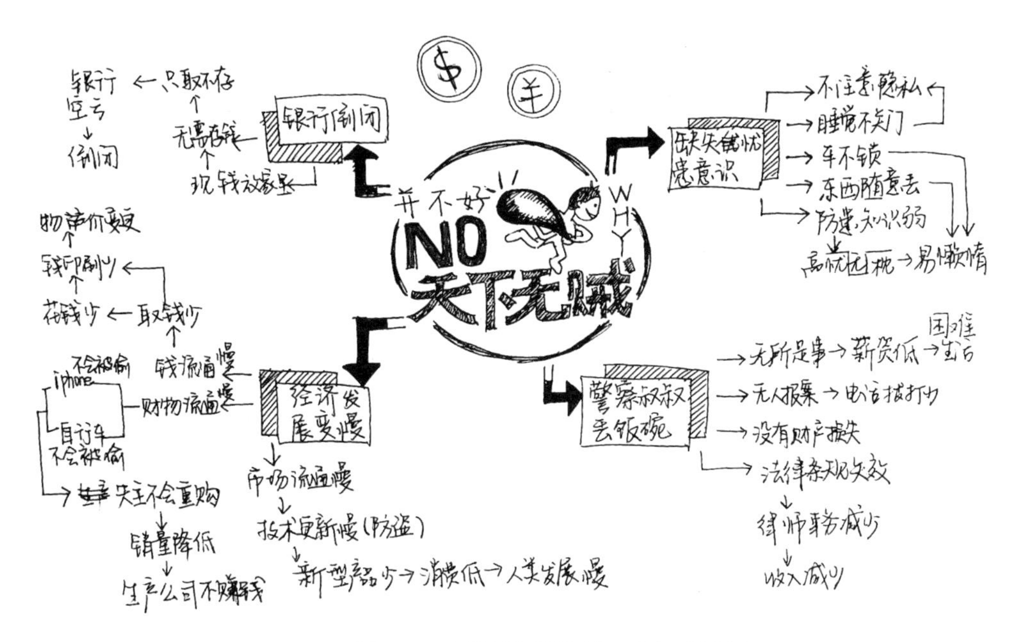

图3–8　天下无贼的不利因素　作者：潘文君

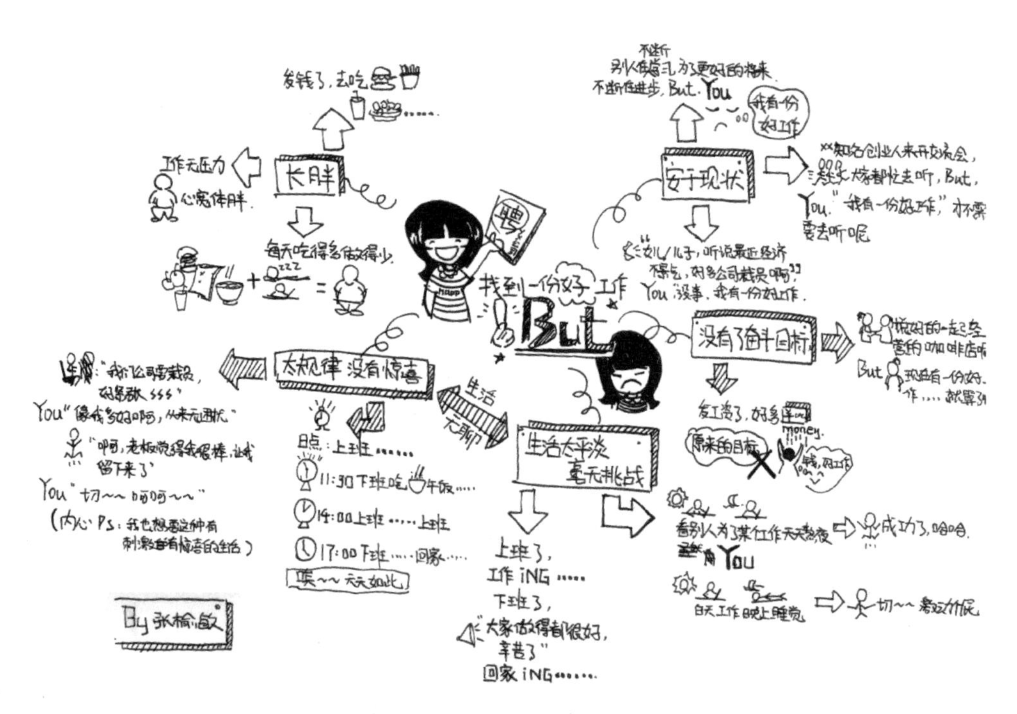

图3–9　找到一份好工作不是好事　作者：张渝敏

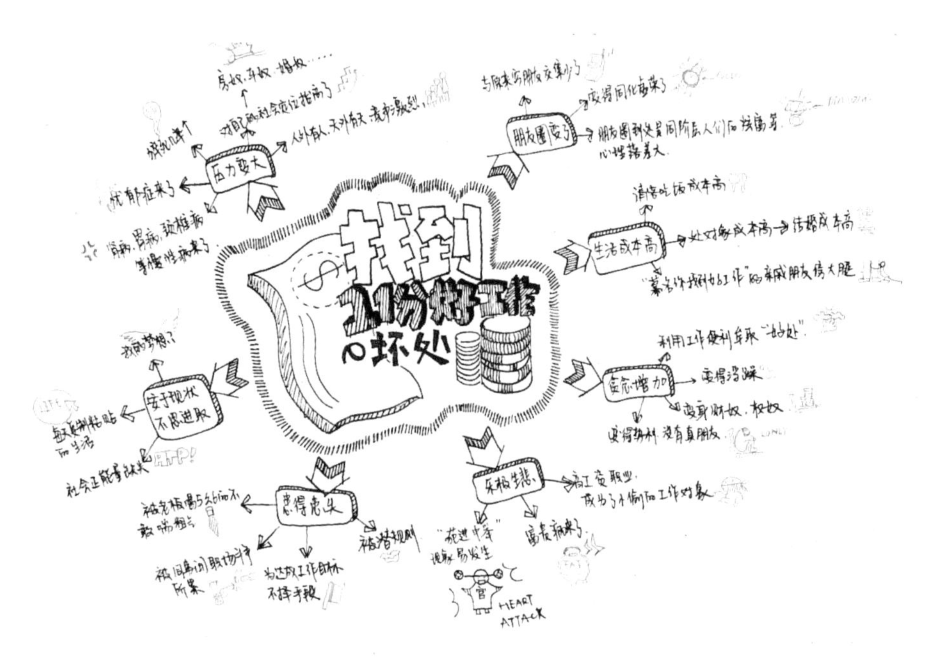

图3-10　找到一份好工作的坏处　作者：孙樱迪

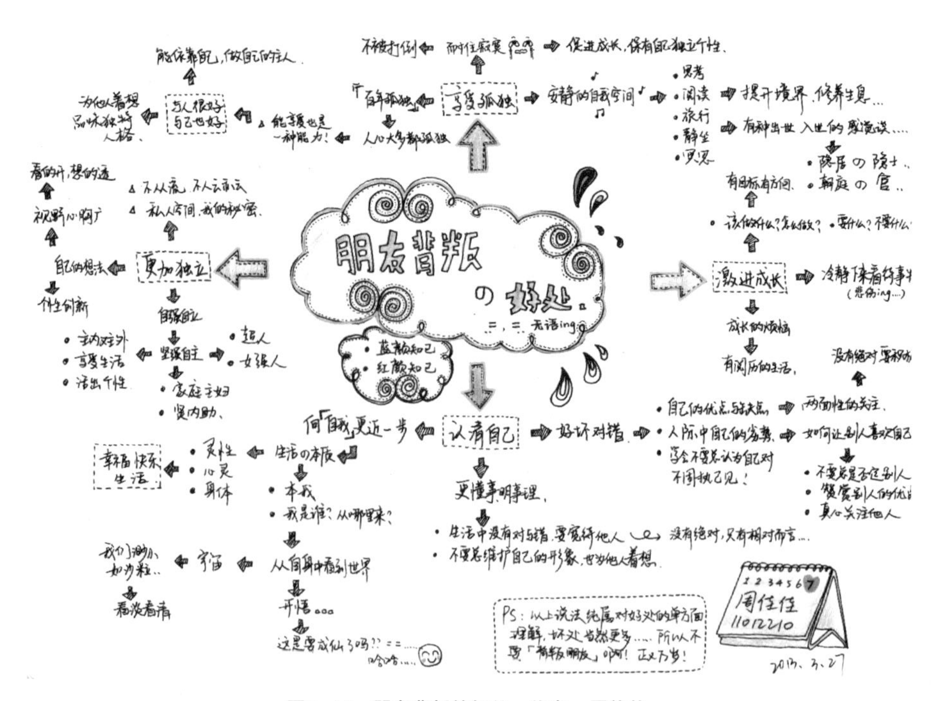

图3-11　朋友背叛的好处　作者：周佳佳

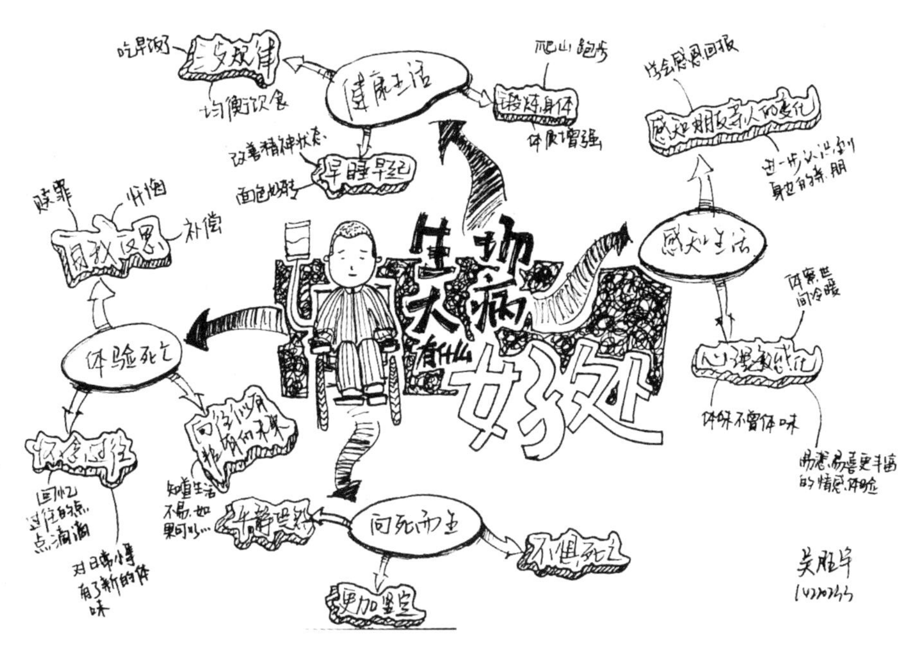

图3-12　大病一场的好处　作者：吴胜宇

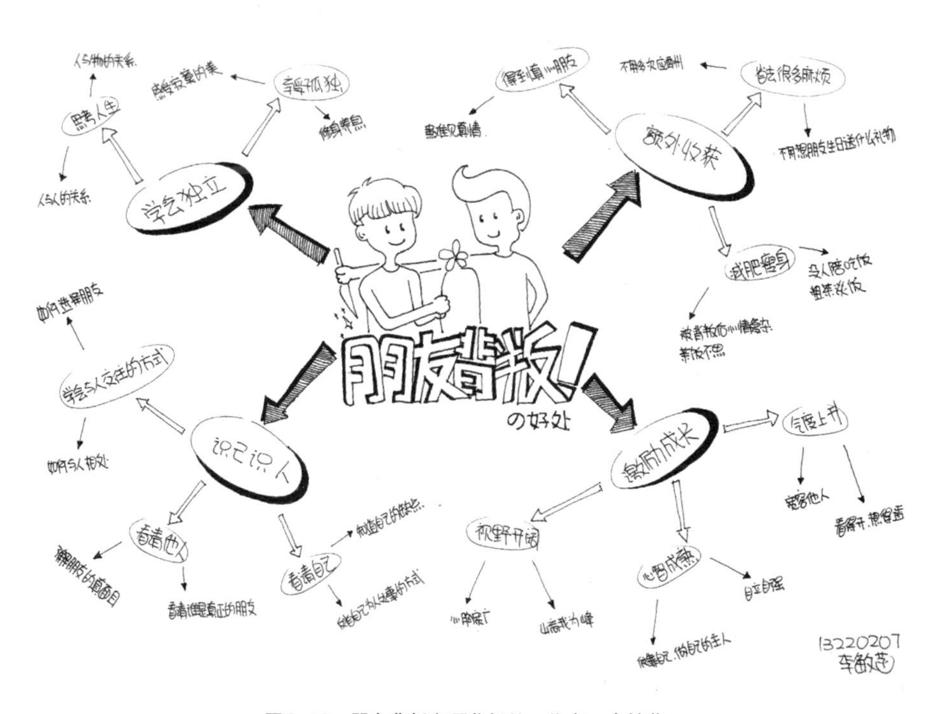

图3-13　朋友背叛有哪些好处　作者：李敏菡

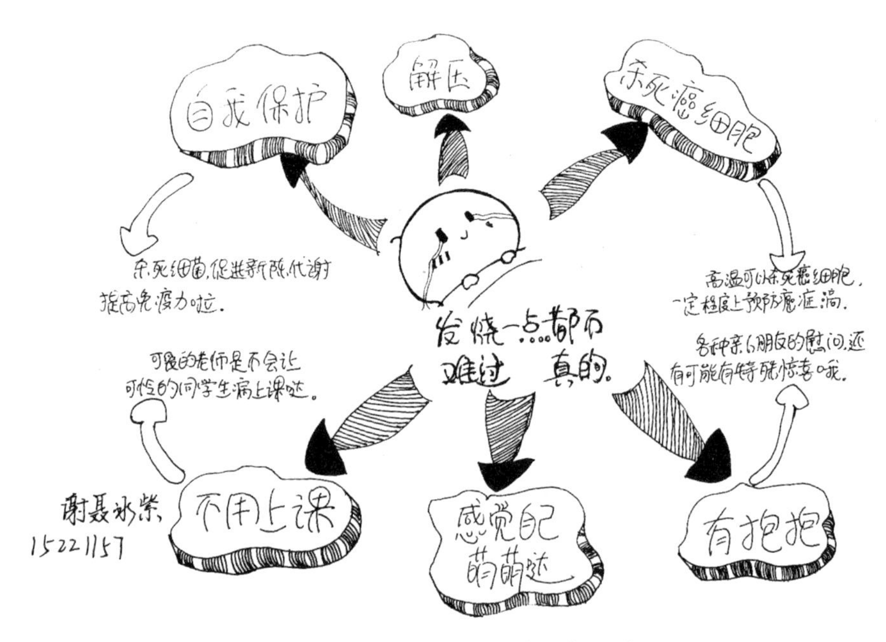

图3-14 发烧也不要难过 作者：谢聂冰紫

3.2 横向思考

横向思考（或称水平思考）是剑桥大学爱德华·德·波诺教授针对纵向思考（或称垂直思考）——即逻辑思维——提出的一种看问题的方法。他认为纵向思维者解决问题的方法是从假设——前提——概念开始，进而依靠逻辑判断，直至获得问题答案；而横向思考不太考虑事物的确定性，而是多种选择的可能性；关心的不是完善的已有观点，而是如何寻求新点子；不是追求所谓的正确性，而是注重丰富性。如何实现横向思考呢？需要通过以下七个步骤：

a.要养成寻求尽可能多的、探讨不同问题的习惯，而不要死抱住老办法不放——可以用多种方法来开拓思路，以寻求观察问题的办法、类比和可能的联系；

b.要对各种假定提出反思——通常情况下，人们在思考某件事情时，总会作出多种假定，往往会无意识地把问题想当然。但是，当抱着怀疑的态度仔细追究时，可能被证明是不可能的或不恰当的。这就扫清了思想上的障碍；

c.不要急于对头脑中涌现出的想法加以判断——众所周知，许多科学发现常以假线索作为先导，因此在没有新想法产生之前，不要将其放弃，它也许能孕育出更进一步的想法。目的在于发现一种新的有意义的思想组合，而不是通过何种途径来实现；

d.使问题具体化，并在头脑中形成一幅图像——这在本书第一章已提到。图像可以帮助我们进行重新排列，发现相互的联系等等。图解还有利于采用符号来表示各种不同的因素。

e.要把问题分成独立的几个部分——逻辑分析是一种系统的方法，目的在于对问题作出解释。而横向思考是对各部分作出鉴别，并给予重新排列与组合；

f.从问题之外寻求突破的机遇——逛商店，到玩具店随便看看，或者随便从字典里查一个词等等做法都是寻求突破的方法。在商店里闲逛时，并不寻找与问题直接有关的东西，应该在头脑中保留有空白处，并随时接受新东西。偶然碰到的东西，或来自字典中的一个词，都可能引发出一批相关的想法。也许偶然的机遇导致问题的迎刃而解；

g.参加各种新观念的启发性会议——譬如小组头脑风暴之类的活动，这方面内容将在第三节介绍。

所以，所谓横向思考是从已有的信息中产生新信息，并从不同角度、不同方向进行思考。与此相类似的还有一个更为形象的说法叫“思维发散”。这种思考方式既无方向、又无范围、不墨守成规、不拘泥于传统方法，对所思考的问题标新立异，达到“海阔天空”、“异想天开”的境界。

“横向”也好、“发散”也好，都是一种形象的说法，对应于纵向的、收敛的逻辑思维模式。横向思考是沿着多条“思维线”向四面八方发散，能有效地扩展思维的空间，所以是一种非逻辑思维；而逻辑思维则是一种单线性思维。但是，逻辑思维和非逻辑思维是人类认识世界、创造新思想的两个轮子，缺一不可。只是我们的传统教育比较重视前者而忽视后者。在提倡创新创意的今天，增强非逻辑思维的训练有助于创新思维的培养。

实验课题14：用发散思考回答下列问题：

· 假如人类不需要睡眠

· 假如不停地下雨

· 假如天上有两个太阳

· 假如取消考试

· 假如树是蓝色的

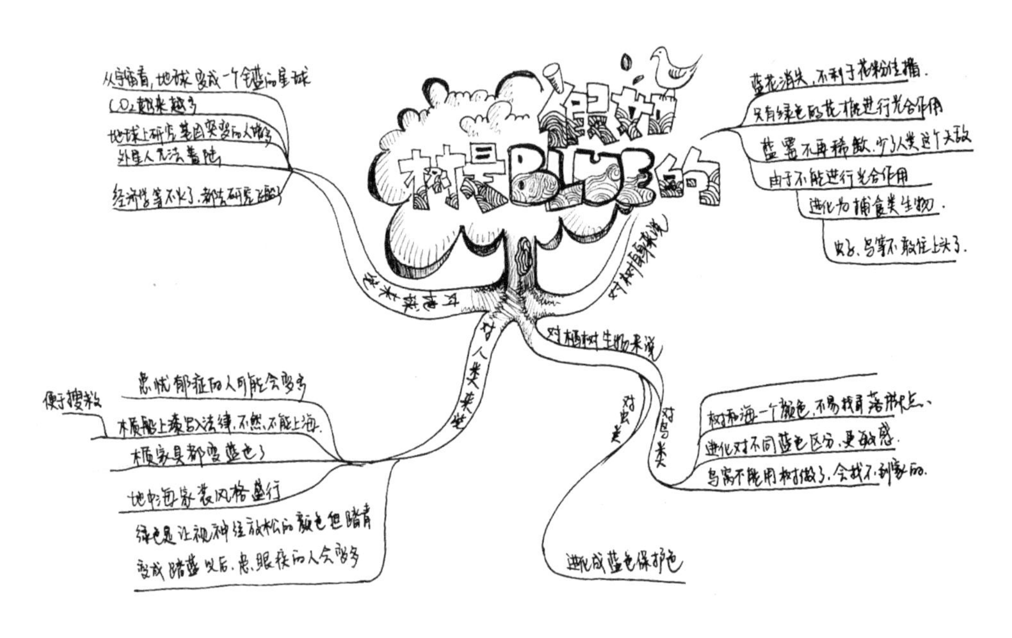

图3-15　假如树是蓝色的　作者：孙樱迪

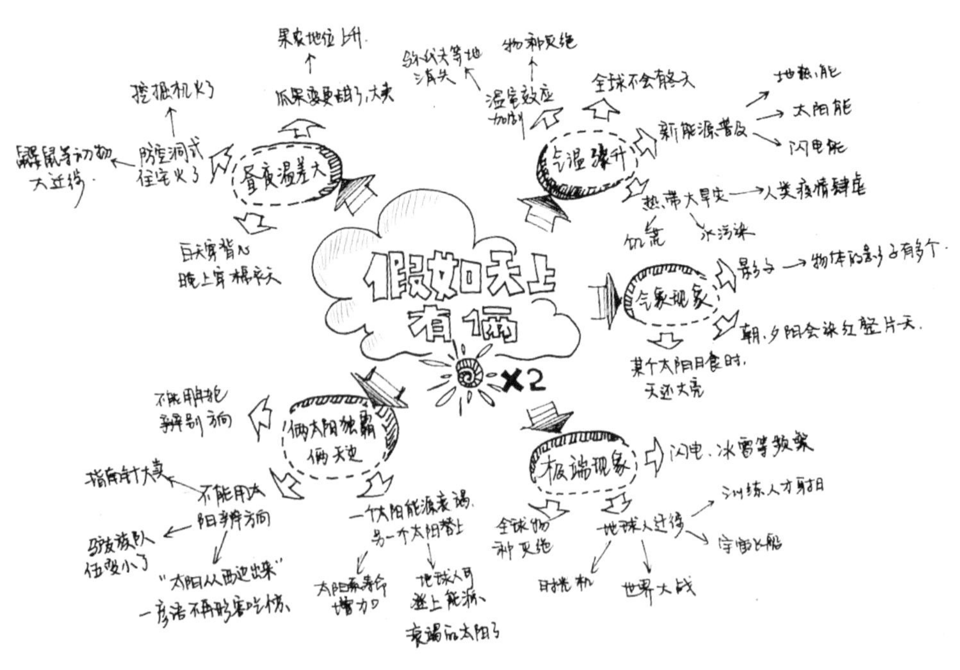

图3-16　假如天上有两个太阳　作者：王诗汇

从单独一根“思维线”向多条发展是需要经过一定量的训练。尽管是“海阔天空”或者是“异想天开”，这类训练活动以及产生的思维成果并不是没有评价标准，而是有三个评价指标：流畅性、变通性和独特性。

流畅性是发散性思维量的主要指标，只要按照问题去发散。发散越多得分越高。变通性要求从不同的方面去发散，思维运算涉及信息的重组，如分类、系列化，甚至转化、蕴涵，具有较大的灵活性和可塑性。独特性要求以新的观点去认识事物，反映事物，意味着思维空间的重新定式，难度最大。由于独特性更多地代表发散性思维的质，它在发散性思维三因素中有着特别重要的意义。以“铅笔”为发散题目为例：提出当作玩具、礼品、抒发情感的工具……可以认为具有“变通性”，而提出可以抽出铅芯当吸管使用、成捆铅笔当凳子使用……就具有“独特性”。下列100个“筷子的用途”的答案来自于课堂实验。

“筷子的用途”答案：

01.吃饭夹菜；02.捞东西；03.围起来做成笔筒；04.击打乐器棒；05.做成玩具手枪；06.编织起来做帘子；07.蒸架；08.杯垫；09.搅拌棍；10.教鞭；11.防身武器；12.当牙签；13.捆成一捆；双节棍；14.练习转笔；15.做成木偶、玩具；16.灯笼、笼子；17.疏通管道；18.头发簪子；19.捡垃圾；20.蘸墨水写字；21.点火棍；22.固定东西；23.织衣；24.衣架；25.制作模型工具；26.小型篱笆；27.玩具炮筒；28.钻木取火；29.开启瓶器；30.秤杆；31.淘米倒水时可以拦米；32.尺子；33.门的插销；34.做三脚架；35.指挥棒；36.插在墙上做挂衣钉；37.九节鞭、双节棍；38.并排粘贴倒墙上、装修用；39.销尖做成钉子；40.刷子；41.拿来做成风筝；42.可以用来当棉花糖的棒子；43.冰糖葫芦串签；44.做成书签；45.捆成当拖鞋底；46.做成灯具；47.做成相框；48.堆积木；49.游戏棒；50.做成枕头；51.拼成字体做招牌；52.做成风铃；53.编成储物篮；54.写字工具；55.做成耳环；56.做成梳子；57.健身器材；58.做成圆规；59.当飞镖；60.过家家玩具；61.做成时髦的服饰；62.用来卷发；63.雕刻工艺品；64.杂耍道具；65.做成地板；66.做纸的原材料；67.敲鼓棒；68.做成竹筏；69.挠痒用；70.夹手指的刑具；71.可以翻滚事物；72.验毒工具；73.做成测力器；74.做游戏工具；75.掏耳朵勺；76.支撑架；77.当火把；78.小旗杆；79.编制成席子；80.搭积木；81.削尖当针；82.擀面杖；83.螺丝刀；84.做撑杆；85.打狗棍；86.当滑雪板；87.键盘按钮使用筷子；88.圈成圆当轮子；89.当台阶使用；90.击剑；91.天线、导线；92.做成手链、项链；93.红绿灯的外框；94.做成商店里的计算器；95.做成路边的污水盖；96.做成牙刷；97.做成竹筒饭；98.电影道具；99.做成有古典风味的大门；100.电脑的保护壳

实验课题15：用非逻辑思考方式回答下列问题

· 文字、图解形式不限；每个想法要标序号；

· 答题完毕写上学号姓名，并交给课代表；

· 课代表将收上来的答题随机发给其他同学；

· 每位同学对拿到的答题进行评分，要写出三个指标的分数和总得分。并写上评分者的学号交给任课老师；评分标准：流畅性——以答题数量为得分值。如一共写出22个答案，得分为22分。变通性和独特性要根据定义来判断，要分别列出序号。如：变通性：①③⑧，独特性：⑤⑨。变通性每个答案为3分，独特性每个答案为8分（图3-17）；答题时间为20分钟。

· 20种以上雨伞的用途

· 20种以上筷子的用途

· 20种以上照明的方法

· 20种以上与钥匙圈组合的东西

· 20种以上雨伞的用途

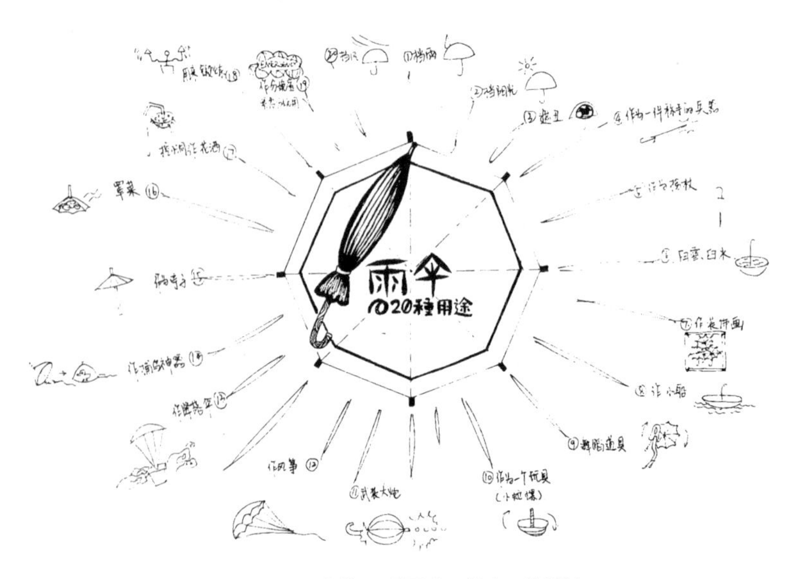

图3-17　雨伞的20种用途　作者：孙樱迪

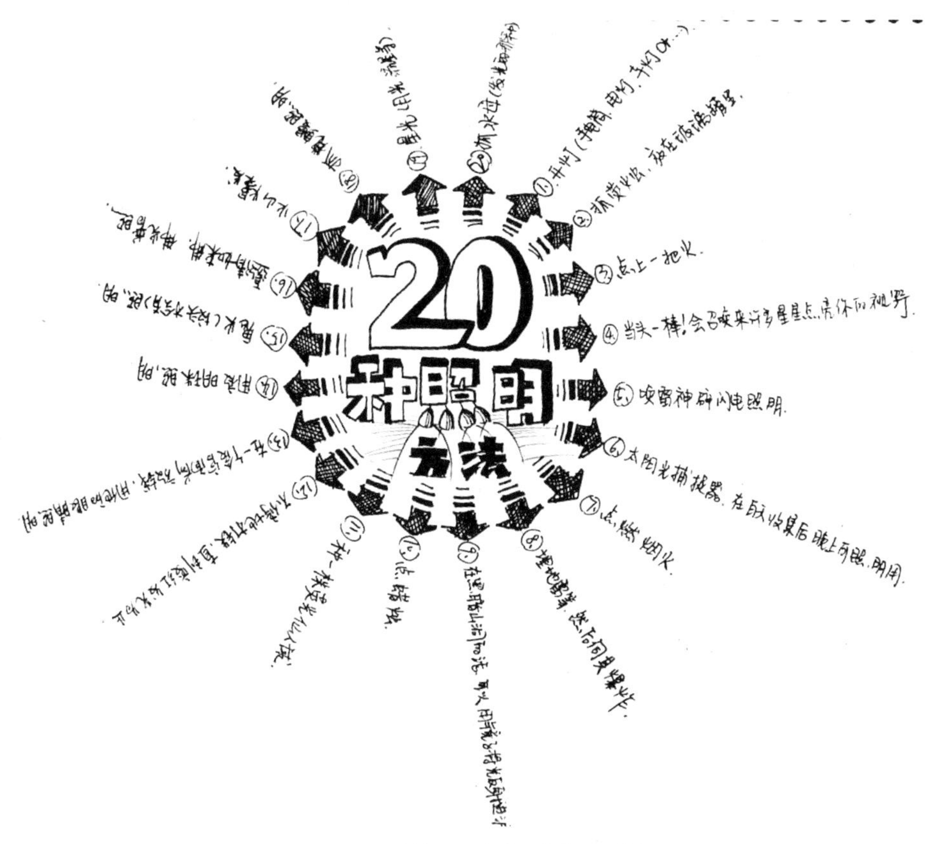

图3-18 照明的20种方法 作者：王诗汇

中国官方在2008年下达了“禁塑令”：6月1日起禁止生产、销售和使用不能降解的塑料袋。一次性塑料袋的使用确实给人的生活带来了很大的便利，但这种“便利”严重污染了环境。“禁塑令”发出以后，商家联合设计机构都在设计各种“绿色购物袋”。我们对此可以作个横向思考练习，改变一下惯常思路。首先，可以思考一下塑料袋给人们的生活到底带来哪些方便？其次，“禁塑令”后又有哪些不

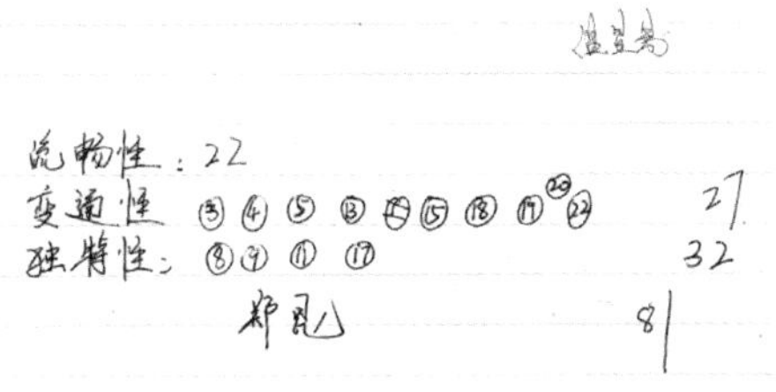

图3-19 “筷子的用途”思维发散及评分

方便？再次就是有哪些替代的解决方案。如图3-20所示是对此作的图解思考。

如图3-21和图3-22所示是两位同学提出的解决方案。可以穿在身上的购物袋，设计者最初的出发点是从塑料袋对环境的污染，想到了能否设计一种能反复使用的袋子，经过不断实验，将购物袋与背心这两种功能在一个物品上得到了实现，这件作品确实是有用的设计。同学们称之为“可以穿在身上的购物袋”。

实验课题16：购物袋设计

- 用思维导图进行思维发散；
- 塑料袋给人的生活带来哪些方便，限制使用带来哪些不方便；
- 提出20个可以替代塑料袋的方案；
- 选择其中一个进行可行性设计；
- 把设计方案制作成可以使用的实物。

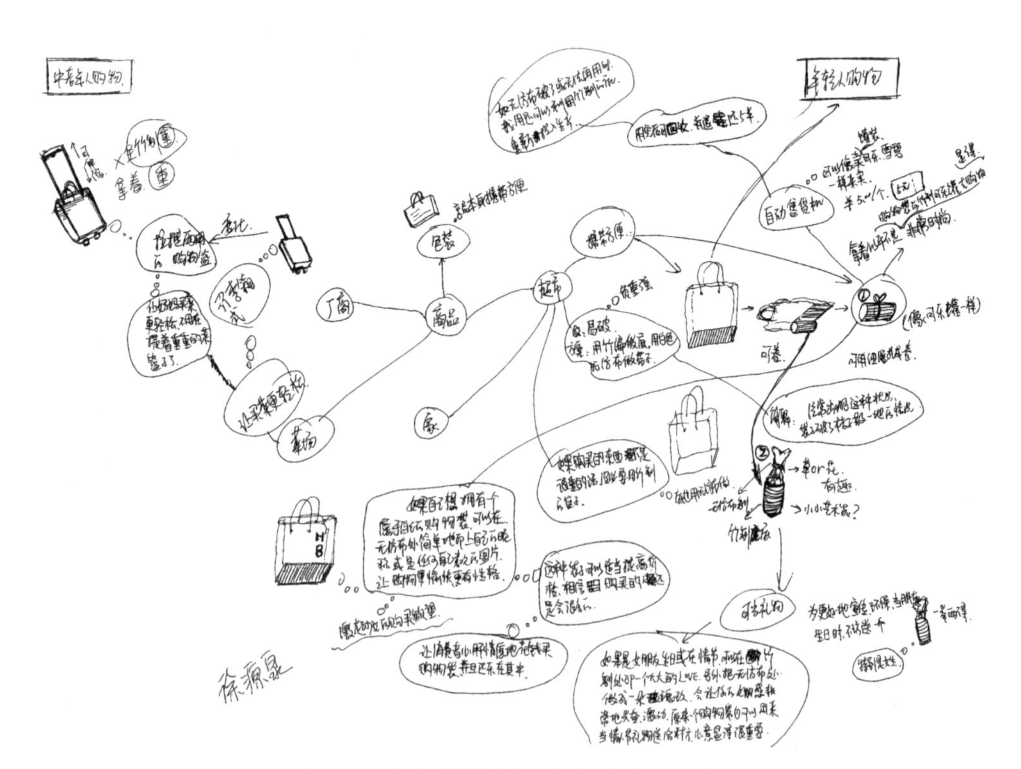

图3-20　一次性塑料袋的横向思考　作者：徐源泉

图3-21　时尚购物袋　设计：郑沪丹

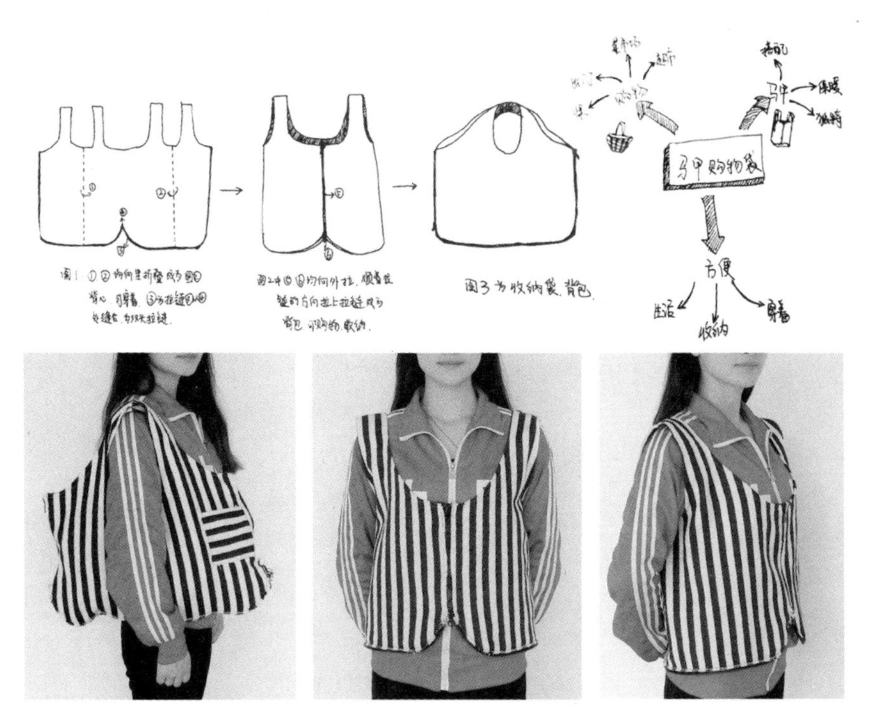

图3-22　马甲购物袋　设计：靳华玲

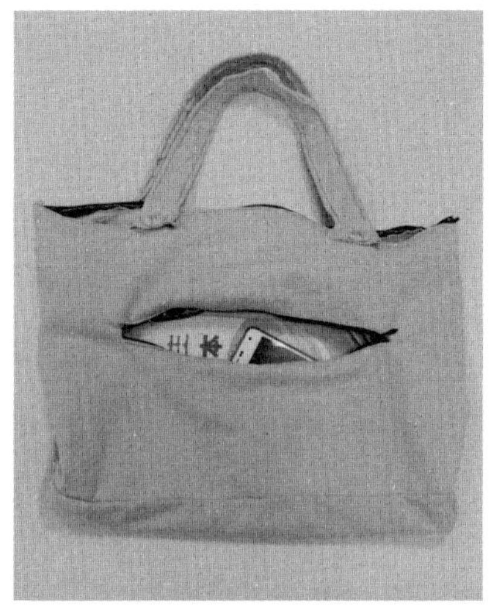

上下层通过拉链分开不影响，使用上层小物品时方便取出.使用放在下层的物体时可以从侧面拉链取物，放置下层物品时可从上面放入

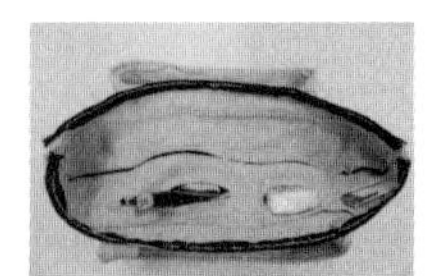

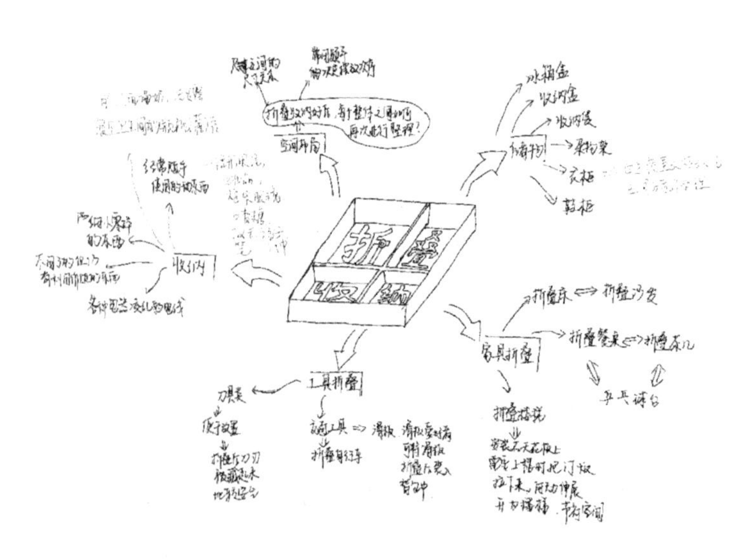

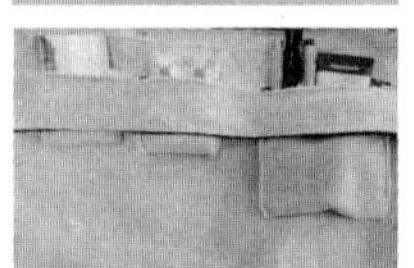

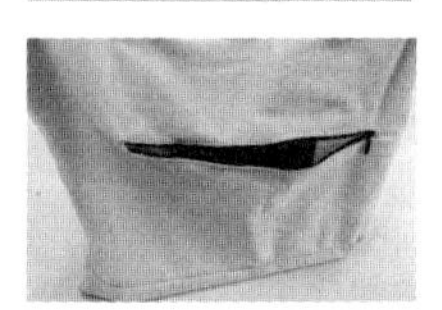

图3-23　大学生购物袋　设计：张丰蕾

3.3　头脑风暴

现代经济组织越来越重视“团队合作”，因为个人在经历、学识、专长等方面的差异很难独立解决难题，而由多人协作的条件下就有可能成功，即所谓整体大于部分的整体效应。大文豪萧伯纳曾经说过一句名言：“如果你有一种思想，我也有一种思想。通过交流我们就拥有两种思想”。这句话点明了交流的重要性。但是这种交流的有效性有时候是需要条件和一定的环境。一堆人在一起讨论问题有时比一个人想问题更没效率。被誉为创造学之父的美国人亚力克 · 奥斯本在20世纪50年代就发明了“头脑风暴法”。其用途是激发集体智慧、提出创新设想，为解决某个问题提供方案。就如本章介绍的逆向思考、横向思考等思维工具都可以通过小组会议上使用，比其个人的苦思冥想，这种方式会得到更多的解决方案。

所谓“头脑风暴”，是一种“集思广益”的小组会，一般有5~10人参加，其中有一位主持人和一位记录员。主持人首先要简要说明议题、要解决问题的目标以及会议规则，包括畅所欲言、不准批评、追求方案的数量等。然后组员针对同一个问题轮流提出意见，而最为重要的是一个意见往往会引发更多的意见产生。因此奥斯本有过这样的描述：“让头脑卷起风暴，在智力中开展创造。”这就是头脑风暴的魅力所在。

那么，头脑风暴为什么能激发创新思维？其理由有这几个方面：一是联想反应。联想是产生新观念的基本条件之一。在小组讨论中，每提出一个新想法，能引发他人的联想，并产生连锁反应；二是热情感染。在不受任何限制的情况下，小组讨论问题能激发人的热情。自由发言、相互影响、相互感染，能形成热潮，突破固有观念的束缚，最大限度地释放创造力；三是竞争意识。人都有争强好胜心理，在竞争环境中，人的心理活动效率可增加50%或更多。组员的竞相发言，不断地开动思维机器，组员都有表现独到见解的欲望；四是个人欲望。在宽松的讨论过程中，个人观点的自由表达，不受任何干扰和控制，是非常重要的。一条重要原则是不得批评仓促的发言，甚至不许有任何怀疑的表情、动作、神色。这就能使每个人畅所欲言，提出大量的新观念。

所以说头脑风暴的意义在于集思广益，为了保证这种方法发挥作用，参加头脑风暴的小组人员必须遵守四个原则：

a. 畅所欲言——小组成员不应该受任何条条框框限制，放松思想，让思维自由驰骋。从不同角度，不同层次，不同方位，大胆地展开想象，尽可能地标新立异，与众不同，不要担心自己的想法是不对的、荒谬的，甚至是可笑的；

b.延迟评判——在讨论现场不对任何设想作出评价，既不肯定、又不否定某个设想，也不能对某个设想发表评论性的意见。一切评价和判断都要延迟到会议结束以后才能进行。这样做一方面是为了防止评判约束与会者的积极思维，破坏自由畅谈的有利气氛；另一方面是为了集中精力先开发设想，避免把应该在后阶段做的工作提前进行，影响创造性设想的大量产生；

c.追求数量——获得尽可能多的设想，追求数量是头脑风暴的首要任务。组员要抓紧时间多思考，多提设想。至于设想的质量问题，可留到会后的设想处理阶段去解决。在某种意义上，设想的质量和数量密切相关，产生的设想越多，其中的创造性设想就可能越多。

d.引申综合——头脑风暴小组会不仅仅是把各自的想法罗列出来，还是一个激荡，催生新想法，获得更多更好方案的过程，因此要鼓励小组成员对他人已经提出的设想进行补充、改进和综合。

奥斯本认为："作为创造性教育的补充，我们把集体头脑风暴法视为一种教学方法，这种教学方法有效地培养了人们的创造才能，并且有助于人们的思维。通过参加头脑风暴会议，不论是在个人努力还是在集体工作中，人们都可以提高自己的创造才能。"①

实验课题17：体验头脑风暴

· 以小组为单位，随机分发一件物品（纸杯、螺丝刀、榔头、饮料瓶、折叠伞、手电等）（图3-24）；

· 要求提出100种用途；小组成员轮流提出饮料瓶各种用途的想法；

· 每一位成员的想法又不断启发新点子；

· 从思维发散的众多想法中选出最佳点子；

· 小组代表向全班同学陈述演示最佳想法；

· 投票评选最具创意的想法。

专题研究03：左撇子

· 根据平时对生活的观察和思考，画一张"左撇子"的思维导图（图3-25、图3-26）；

· 组成三人研究小组，小组成员分工收集资料，各自对所阅读的资料在小组会上交流讨论；

· 经过阅读交流，每组写出关于“左撇子”的课题综述；

· 小组成员交流思维导图，并从中提出尽可能多需要解决的问题，即定义问题；

· 选择一个方案进行深化设计。

· 手绘、模型、计算机作图均可，设计制作课题研究文本。

“左撇子”的课题综述：

《现代汉语词典》中对“左撇子”的词条解释是：“习惯于用左手使用筷子、刀、剪刀等器物的人”。有的书上称为“左利”，左利者约占总人口的十分之一，比例虽然不高，但绝不是有些人印象中的极少数。惯用左手使他们面临许多特殊问题，换种角度看也是某种优势。

所谓“特殊问题”在于世界上绝大多数生活用品都是为“右利者”准备的，比如剪刀、勺子、起子等，现代产品在左右问题上更加明显：汽车驾驶位子放在哪一侧？照相机快门按钮放在哪一边？等等。由于左利者比例上的少数，对其需求往往被忽视。借用李银河教授的概念：“无形中给隶属于‘极小概率’行为模式的人们造成了极大的压力”。让“小概率人群”别无选择地使用“大概率人”使用的产品，使得左利者不得不长期使用和自己用手习惯相反的产品。不合适的产品降低了左利者的工作效率，甚至带来伤害，也是导致事故的直接原因。

在注重个性化产品开发的欧美发达国家，左手产品日趋丰富，自有品牌的左手产品已有三、四百种之多，涉及厨具、文具、体育用品、乐器、园艺工具、礼品等门类。在现代电子产品的开发中同样有左手产品，例如，游戏机、网络游戏的兴起，玩家们需要最快速的反应，左手鼠标右手键盘成为有效的工具。按人体工程学原理设计的右手问世不久，按同样原理设计的左手专用鼠标就摆在左手用品大全商店的橱窗里了。左撇子用的吉他、垒球手套也成为热销产品。只要分左右手使用的产品，右手用的新产品问世不久，左撇子产品很快亮相左手用品的货架。

如果说左手用品与右手用品有什么不同的话，那就是对左手用品的质量更为挑剔。同一类用品，供左手用的品种远远少于右手用品，许多人选择左手用品不是因为“必须”，而是为了更舒适方便。因此，对产品设计而言难度自然要高。

图3-24　以小组为单位进行头脑风暴体验

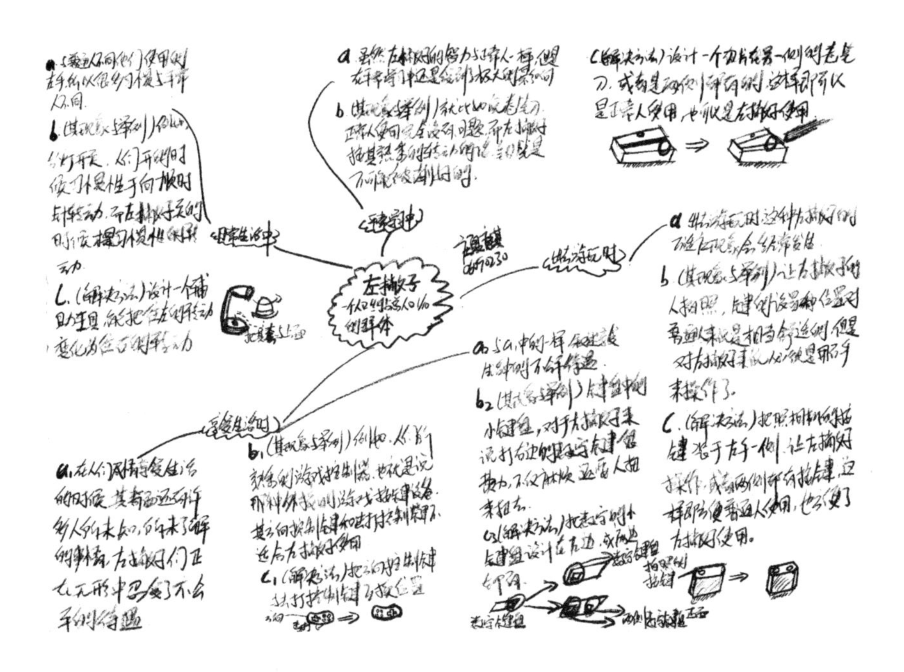

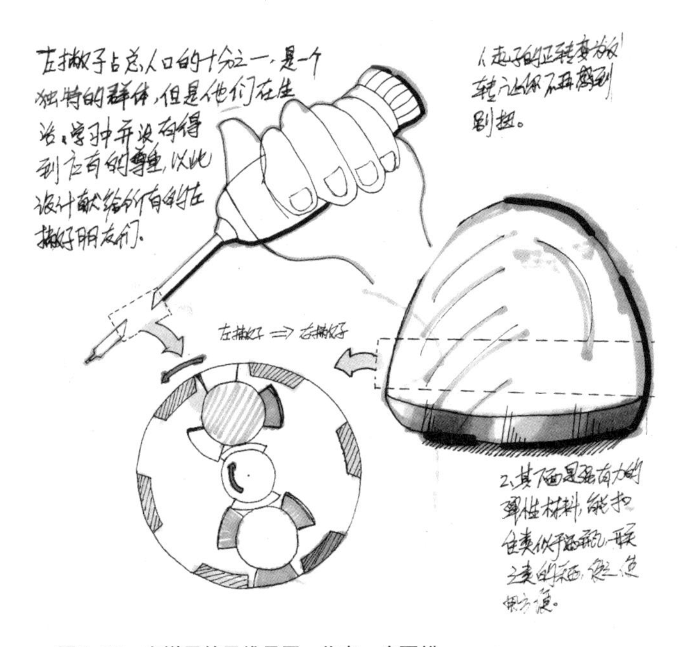

图3-25 左撇子的思维导图 作者：庄夏麒

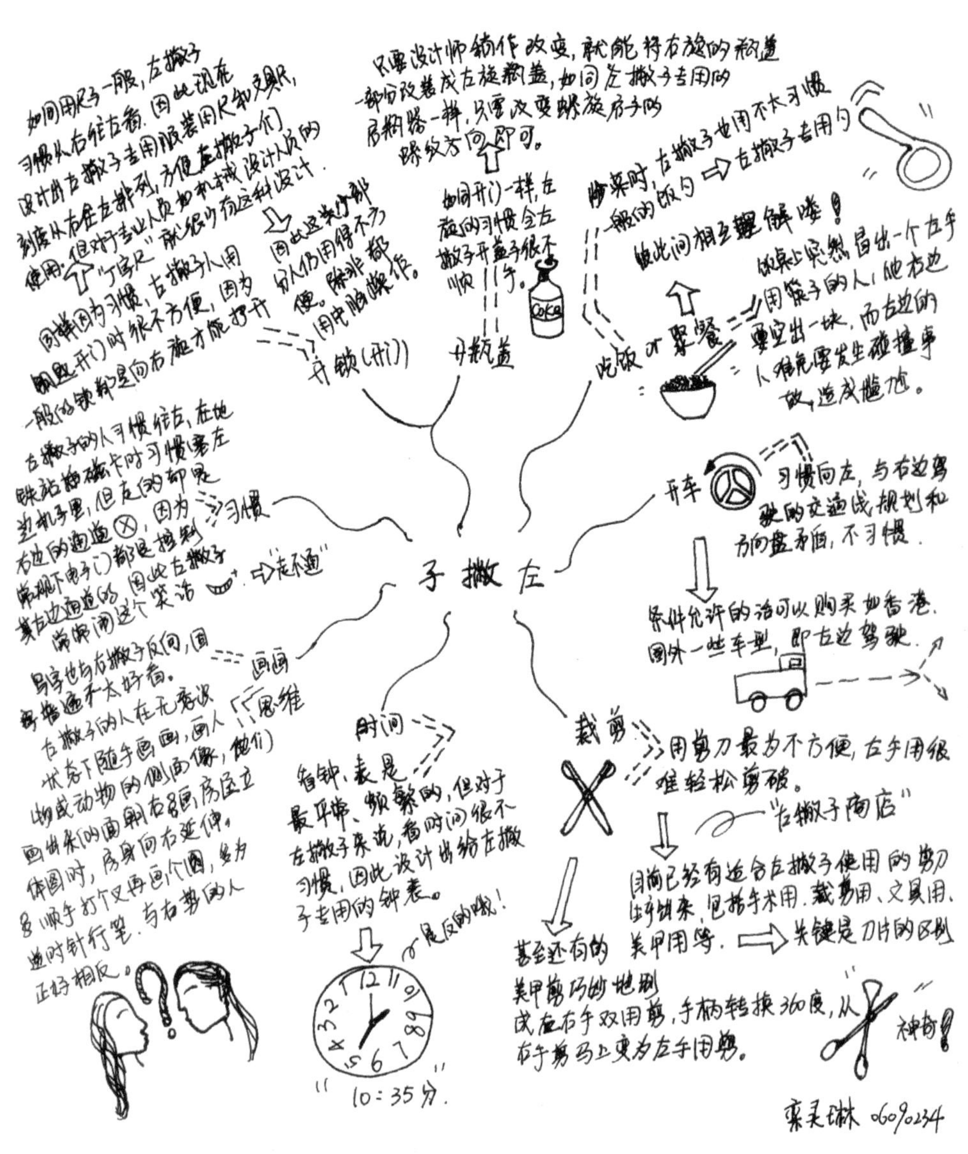

图3-26　左撇子的思维导图　作者：栾灵琳

现代产品设计把人机界面设计放在重要的位置，但在设计中越是考虑大多数人的使用合理性、舒适度问题（譬如工具类产品），就越适合右利者使用或右手操作，左利者使用起来就会越别扭。因为这些所谓的“合理性”和“舒适度”都是习惯性地以将右利者作为使用对象的。所以说“左撇子”不仅仅是人类学家关心的问题，更应该成为工业设计师研究的课题。

图3-27 反转的时钟

那么，在产品设计中是否把“右利”的产品“镜像化”就适合“左利”人群使用呢？例如，数字和指针都逆向的钟表、数字从右侧排列的尺子等（图3-27），事实上这些产品也不适合左利者。不加研究的、机械地“镜像化”处理不是解决左利产品的方法，而要在充分调研和不断实验的基础上进行研究设计。例如：计算机键盘上的数字键设置从现在的右侧改放在左侧可能更适合左利者使用，但数字键上排列则无需“镜像化”设计。

左利产品设计中除了“镜像化”处理，“通用设计”可能是解决“左撇子”问题较好的办法，就是左利者和右利者都可以使用的“通用产品”。作为商品生产，无论从销售、生产，还是从原材料、资源的合理利用最具经济学意义。但在设计上带来相当的难度，最主要的还是缺乏这方面的研究。前面提到过的“双面通用尺”就是成功的例子。其特点是根据汉字中偶数字形左右对称的特点，将汉字运用在透明尺子的刻度标注上，无论哪个面朝上，看到的刻度都是正向的，只有标注顺序相反。在正面适合右手便利者读数的同时，反面则适应了左手便利者的测量。不仅如此，在细节设计上正面右下角的右手图标在反面就是左下角的左手图标，它起到了提示和快速辨别使用方向的作用。生产上没有增加任何成本（见图3-28~图3-30）。

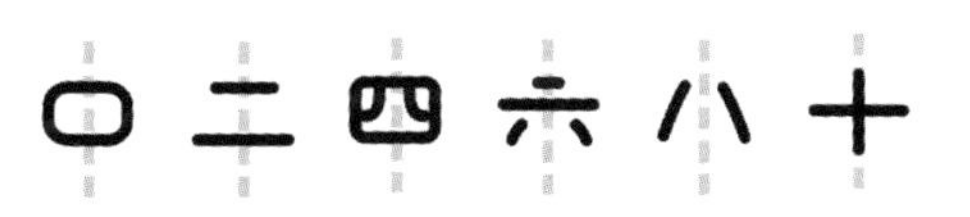

图3-28 左右对称的汉字数字

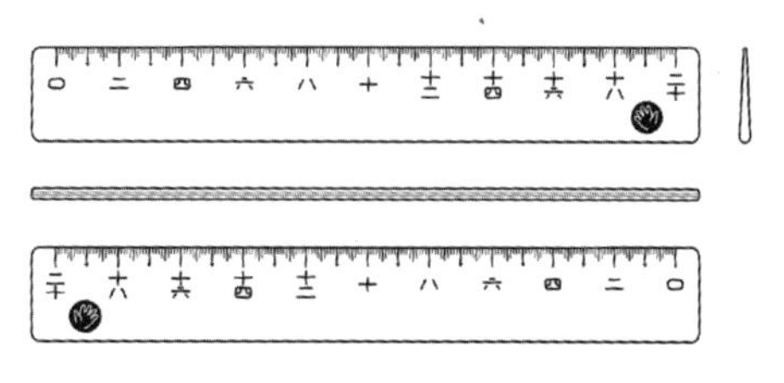

图3-29 双面通用的尺 设计：许翰悦

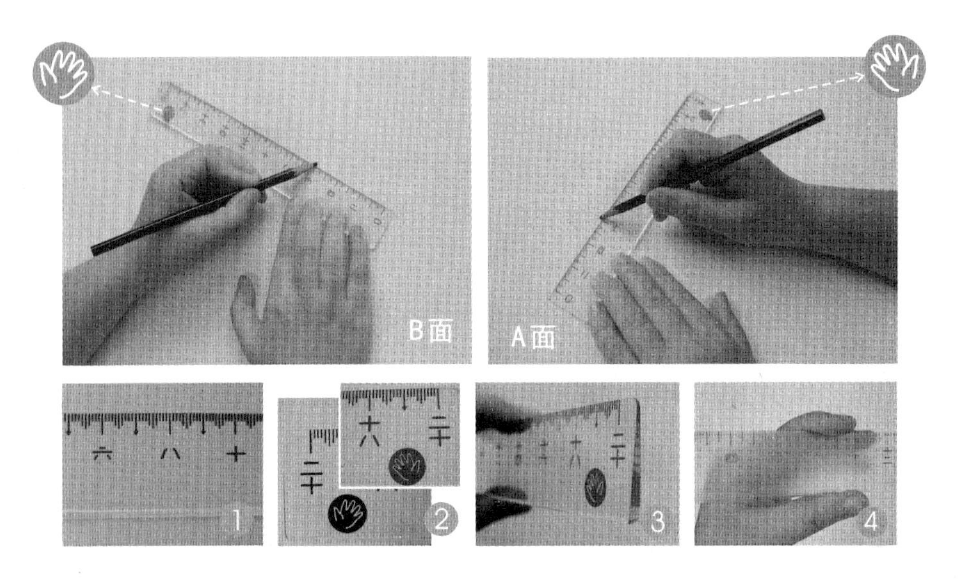

图3-30　通用尺的使用状态

把“左撇子”作为设计课题目的是让我们学会观察生活的方方面面，尤其是大多数人所忽视的地方。左撇子在中国保守估计占6%~7%，那么实际人口也有一个亿，这还是少数吗？在产品设计中不能忽视这部分人的利益。此外，我们从“左撇子”中还可以引申出另外一个课题——“左和右”。在产品设计中意义可能更为广泛。《读者》有篇文章提到一个有趣问题：“为什么女装的扣子在左边，男装的扣子却总在右边？”毕竟全世界大多数人都是右撇子，用右手从右边扣扣子要容易得多。那么，为什么女装扣子在左边？原来这是个历史问题：17世纪扣子问世的时候，只有有钱人的外套上才钉扣子。按当时的风俗，男士自己穿衣服，女士则有仆人帮着穿。女士衬衣上的扣子钉在左边，极大地方便了伺候女主人的仆人。男士衬衫的扣子在右边，不仅因为大多数男人是自己穿衣服，还因为用右手拔出挂在左腰上的剑，不容易被衬衫给兜住。如今还有仆人伺候穿衣的女士恐怕所剩无几，为什么女装扣子依然留在左边？规范一经确定，就很难改变。既然所有女装衬衫的扣子都在左边，要有哪家成衣商提供扣子在右边的女士衬衣，就是在冒险。

“左撇子”的专题讨论：

陈鼎业：人们对左撇子的关注程度远远比不上右撇子，因为绝大多数的人是右撇子，人们都习以为常的认同了右撇子产品。但左撇子占少数并不等于不存在，我们应该给予同样的重视，哪怕世界上只有一个左撇子，也不能忽视。为了做左撇子的研究课题，开始关注这个平时从没想过的问题。为此在网上查阅了些资料，并询问了周围的左撇子，了解到其实在生活中有许多产品没有考虑到左撇子的使用习惯，左撇子必须要用一段时间来适应产品，而设计产品的宗旨是让产品去适应人。所以，有许许多多的产品需要改进或重新设计。这些产品大多集中在单手使用的产品中，右撇子单手使用的产品左撇子最难适应。我选择了生活中常用的刨刀，右撇子习惯使用的刨刀在左撇子使用时刀口正好是反向的，造成左手根本不能使用正常的刨刀。我的设计策略是“通用型”，也就是说左右手均可方便使用。

陈俊：左撇子属少数群体，他们习惯用左手来完成包括拉、抛、拧、握等动作，约占总人口十分之一的他们，绝对数却是超亿的，在产品设计中是不可忽视的因素。开发这个潜在市场，设计出更多适合左撇子使用的产品是我们设计师的责任。目前市场上的许多产品都是针对右手习惯者而设计制造的，然而左撇子被迫使用为右撇子产品，比如左撇子在使用小刀、剪刀的时候会带来很多潜在危险，由于使用方式不当而受到伤害。汽车也会有这个问题，汽车的换挡都是按照右撇子的“人机关系”设计的，当左撇子开车时，无形中埋下了安全隐患。这次课题设计我选择儿时伙伴放风筝时的记忆——风筝绕线器。记得那位小兄弟也是左撇子，人小放了个大风筝，每当收线时就显得格外的费力，而我就比他轻松多了，当时我还特得意。现在回想起来问题就出在这个绕线器的手柄方向上。我准备对这个绕线器进行重新研究，设计一个适合左撇子放风筝的绕线器。

章琴琴：通常认为左撇子是写字或用筷子天生惯用左手的人。依据这个说法，这两个动作天生惯用左手而后天被强行纠正的人，仍视为左撇子；其他一些动作惯用左手的称为“左利”。左撇子是一个独特的群体，惯用左手使他们面临特殊的问题，也使他们具有特别的优势。例如，手的动作包括拉、抛、拧、握、持笔、用针等许许多多动作会影响左撇子的判断。几乎每个民族和不同时代，都有纠正左撇子的习惯。在东方，手的最主要两项动作——用筷子和写字，对于天生惯用左手的人，前者在儿时已在家中被强行板过来，而后者又往往在学校被强行纠正。不管如何纠正，这些人天生惯用左手。如果考虑腿脚的动作，问题就更复杂了。跳高、跳远、蹬、踏、蹭等动作，许多用手百分百的右撇子，腿脚的动作却以左侧为主导。

余志强：在这个世界上，左撇子往往不得不面临两种选择，学会用右手使用工具，或者左手使用适应右手的工具。实际情况是：前者，左撇子常常显得笨拙低效；而后者，隐藏着危险。当右利者惬意的享用各种工具和电器带来的方便时，左利者忍气吞声的别扭实在太多。一些人机工程学专家发现尽管如今左撇子不再像多年前那样受压抑，但与物品简单而稀少的50年前相比，世界对于他们来说更加复杂了。我们在生活都有这种体会：所有工具和操作系统都是偏重于为右手使用而设计的，需要转动的工具总是自左向右转，这更适于右手，如旋紧螺栓。各种电动工具，如手电钻、锯、锄草机等，也无一不是优先考虑右手使用的方便。在生产中的钻孔作业，使用削肉片机、带锯，都可能给左撇子造成伤害。难怪一位左撇子抱怨：车间里的一切工具都是为右手准备的，我要多用很多的力气才能做出同样的活。由于缺乏合适的工具，左撇子效率低，工件质量差，有时甚至丢掉工作的例子也不罕见。我们儿时都有这样的记忆，小时候接触的第一件工具可能是剪刀，手工课从幼儿园就开始了，然而很少有幼儿园给左撇子孩子准备左手用的剪刀。这对于年纪很小的左撇子孩子来说，是一个严峻的挑战。看到别的小伙伴轻易使用剪刀剪出各种图样，自己却做不好，或者受到老师的呵斥，或者强行要求换用右手，都可能使孩子产生强烈的自卑感和畏惧心理。因此，现代教育学强调对左撇子儿童在早期教育中要适当引导，提供合适的工具，使左撇子儿童可以和其他孩子在同一起跑线上竞争，尽早建立自信，塑造健全的人格。再瞧瞧公用电话，话筒总是挂在左边，投币或插卡口在右边。左撇子只是打个电话倒也无所谓，左手拿话筒右手拨号就是了。如果想记点什么，左撇子可就惨了。右手换拿话筒，电线横亘胸前。左手持笔，胳膊肘正压在电线上。手忙脚乱掏出本来，找不到个平的地方放本。没等写几个字，耳机里已经在插播提示音：您的通话时间还剩10秒，请继续投币！

叶纯阳：左撇子是生活在我们周围的一群习惯用左手的人，由于他们的用手习惯与大部分人不同，他们更习惯用左手。这群人的比例有三分之一，但是由于社会家庭等原因其中很大一部分学会了使用右手操作。左撇子在人口中的比例将随着观念的革新不断增加。现在虽然有专门为这部分人设计的产品和设施，但还远不能满足他们的需求，几乎所有的公共设施都只考虑到右手惯用者而忽略了左手惯用者的方便。 日常用右手，这给惯用左手的人带来了许多麻烦，有时甚至影响到他们的正常生活和学习。缺乏左手用品一直是左撇子面临的困难之一。使用不适合的工具，轻者降低工作效率、肌肉酸痛，重者甚至会造成身体伤害。由于各种工具和设施很少考虑左利者的方便，在同样条件下，左撇子往往要承受更大的危险。据我们调查，我国左手用品开发刚刚起步，市场上能提供的左手用品还很有限，市场潜力远未挖掘出来，其中蕴含着很大的商机。设想一下在现实生活中，左撇子主妇有一套左手厨具，她的厨艺一定会更好地发挥出来；给左撇子的同学生日送上一个左启的贺卡，他很可能欣喜若狂。只要在网上搜寻一下就可以发现，国内外商家已经开始做这方面的尝试。在一个崇尚个性化和个人自由的时代，随着人们生活质量的提高，左手用品将越来越成为左撇子生活中不可缺少的一部分。因此，左撇子的课题对我们来说不是一个仅供课堂练习的“虚拟”课题，而是让我们学会关注生活、关注我们身边的各种人群，了解他们的需求，充分考虑到他们的生活习惯，只有这样才能设计出真正有市场价值的产品。

问题定义：

a.怎样使左撇子使用剪刀更方便?

b. 怎样使左撇子更自然地使用水龙头开关？

c. 如何在照相机设计中考虑到左撇子的使用问题？

d. 如何解决运动器械中左撇子使用问题，如棒球棍的设计？

e. 怎样使左撇子使用鼠标更自如?

f.怎样使左撇子使用的文具更方便?

g.如何设计一种左边击球的高尔夫球杆?

h.怎样使左撇子使用的钱包更方便?

i.如何设计适合左撇子使用的带手把的饮水器具?

j.怎样使左撇子右撇子在一起用餐时手臂不碰到?

k.如何使左撇子的优势体现出来?

l.拉链设计是从左到右，对左撇子会带来不方便吗？如何改变?

注释：

①余华东.创新思维训练教程[M]. 北京：人民邮电出版社，2007：91.

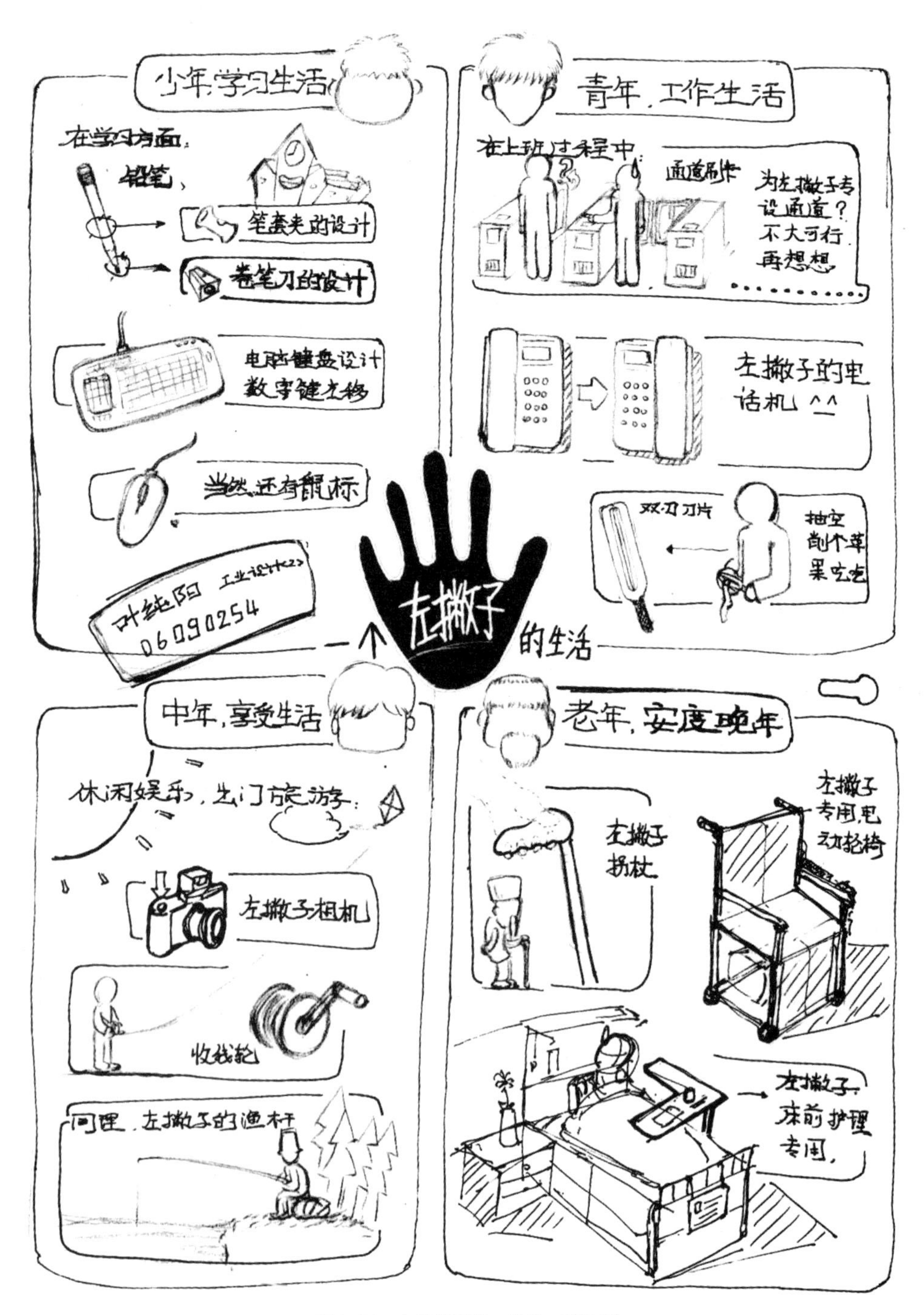

图3-31 左撇子研究 设计：叶纯阳

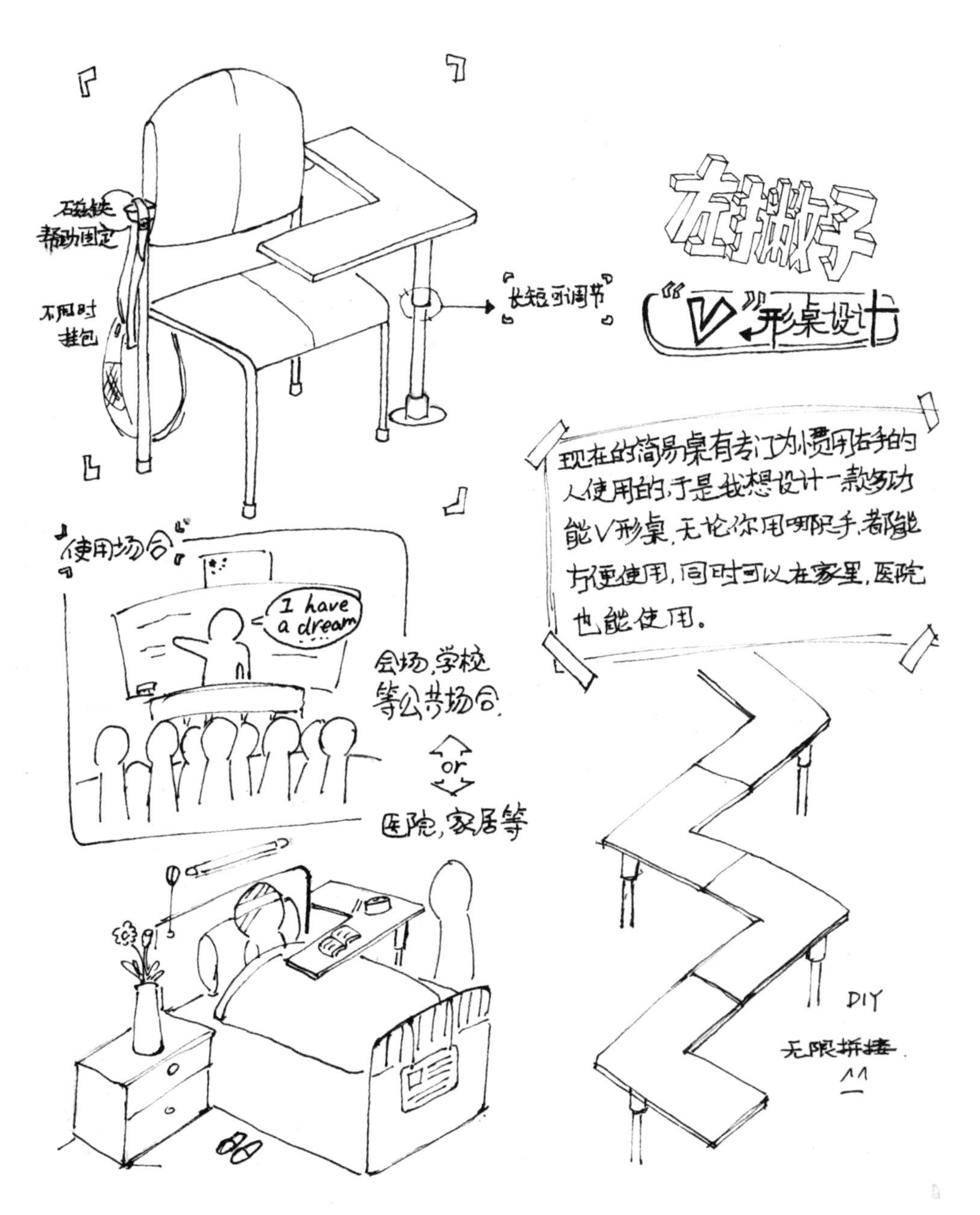

图3-32　V形桌　设计：叶纯阳

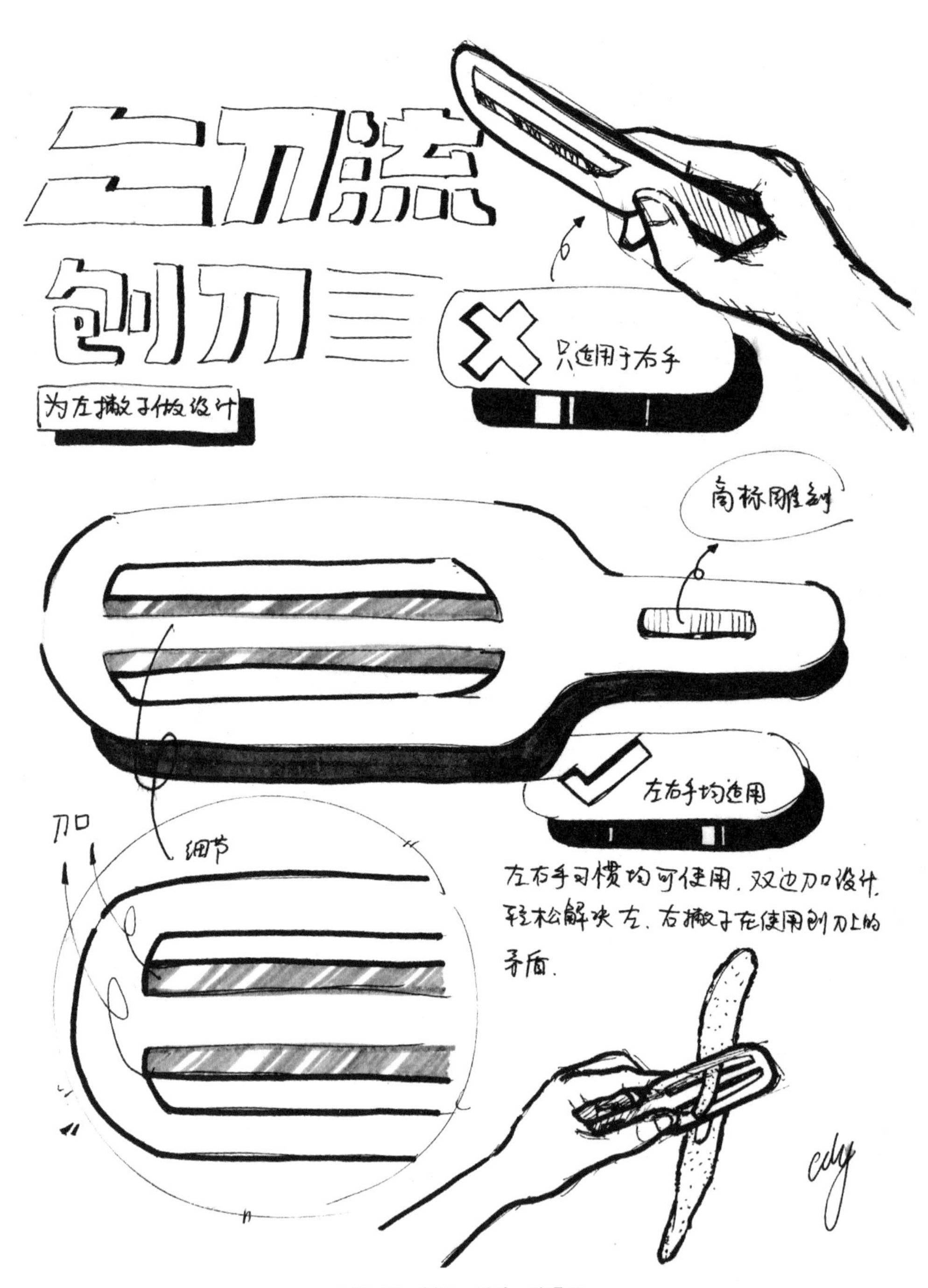

图3-33 刨刀 设计：陈鼎业

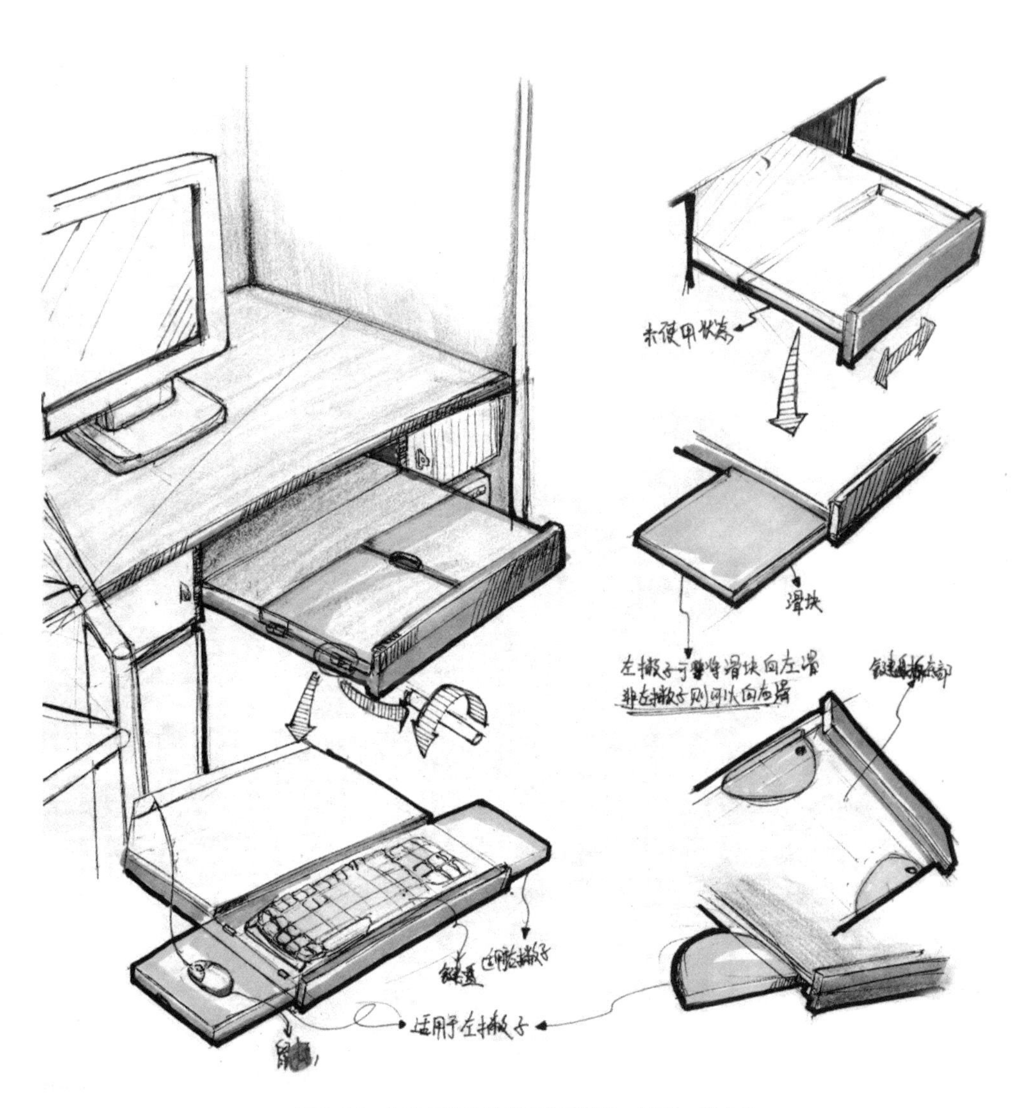

图3-34　电脑桌键盘板的通用型设计　设计：陈文彬

第4章 概念思考

· 教学内容：概念思考的原理和概念提取的方法。

· 教学目的：1. 学会从概念生成的源头导向解决问题的目标；

2. 学会提取概念，并找到合适的概念层次，并能强化和挑战概念；

3. 学会完整记录思考过程中的成果。

· 教学方式：1. 基础理论知识讲授和课堂训练；

2. 以多媒体演示教学。

· 教学要求：1. 了解概念思维的理论，能灵活运用概念，掌握概念提取的方法，提高思维的灵活度；

2. 作为积极的引导者，教师要促使学生独立判断和思考；

3. 学生要利用大量课外时间去图书馆、上网搜寻案例资料；

· 作业评价：1. 清新的逻辑思维能力和灵活的变通能力；

2. 能体现思考过程，并能清晰地表达。

· 阅读书目：1. [美]S · 阿瑞提.创造的秘密[M].辽宁：辽宁人民出版社，1987.

2. 冯崇裕、卢蔡月娥、[印]玛玛塔 · 拉奥.创意工具[M].上海：上海人民出版社，2010.

3. [日]宫宇地一彦.建筑设计的构思方法[M].马俊、里妍译.北京：中国建筑工业出版社，2006.

4.1 概念

所谓“概念”，其实是反映对象本质属性的思维方式，它包含了一个等级中的每个成员共同具有的属性。比如“椅子”的概念适用于所有椅子的一种观念。事物和属性是不可分离的，属性都是属于一定事物的属性，事物都是具有某些属性的事物。脱离具体事物的属性是不存在的，没有任何属性的事物也是不存在的。

概念不仅涉及“是什么”，而且涉及“可能性”。举一个大家都知道的例子：早期的计算机需要用二进制编码形式写程序，这种形式既耗时又容易出错，更不符合人的习惯，大大限制了计算机的广泛应用。直到20世纪70年代末，“窗口”、“菜单”等概念引入计算机用户界面设计，才启动了个人计算机的蓬勃发展。“窗口”、“菜单”和“计算机操作”在这以前是风马牛不相及的概念，正是通过概念重组形成新概念，这是“概念设计”的典范。所以说，涉及可能性的概念可以使想象超出现实世界，并激励人们去接近理想，人类最伟大的心理成果都是通过概念产生的。

在设计过程中会面临各种判断，最初的判断会在很大程度上影响最终的结果。判断的过程就是将现有概念重新组合，形成新概念的过程。用概念思考就是由概念形成命题，有命题进行推理和论证，这是逻辑思维的重要特征。但是，我们面对的是“有秩序”、“规范化”的现实世界，由人类自己产生的概念一方面使我们以“井然有序”的生活，另一方面也束缚着人的思想，使已有的概念固定在相对应的事物上，所谓创意在很大程度上却是打破这种秩序，重新找出事物之间的“潜在相似”之处。面对纷乱的信息及不同事物之间找到相同点，就要运用概念思维在看似不同的事物上找出相同的特征。我们不妨尝试一下：能否从下列三组词汇之间找出相同的特征？

a.麻雀和松树；

b.鸡蛋和香蕉；

c.省长和杂技演员。

麻雀与松树之间外形尺寸上的巨大差别混淆了这样的事实：即它们都是生物体。一般说来，人们在发现第一个相似点之后就不再继续寻找其他相似之处了。

鸡蛋和香蕉都是可以吃的食物，因此就隐藏了它们之间不够明显的共同点：它们都被大自然很容易地包裹起来。

省长与杂技演员之间有什么共同点呢？他们都是有工作的人。我们思想中的自然趋势是注重差异，因此也就封闭了找寻共同点的能力。而这样的共同点其实正是概念。

概念形成的一般方式是：通过收集材料，找出材料之间的联系。这种联系常常是建立在空间或时间上的相互接近的基础上。所有必须要汇集在一起的这些属性构成为一个概念。比如说：

a.一个群体；

b.被婚姻、血缘的纽带联合起来；

c.以父母、兄弟姐妹的社会身份相互作用和交往；

d.创造一个共同的文化。

这些属性就组成了“家庭”的概念。人们从旧的概念里发现或增加新的属性就会继续不断地构成新的概念。

概念形成的另一种方式与前一种方法相反：主观意识到可以省略某些属性从而构成只包含某些基本属性的另一等级。比如，以前在一般人的概念中没有“家用电器”作为一个等级来称呼的名字，只有电风扇、冰箱、洗衣机的具体名称。后来人们才把这类属于共同属性特征的用品统称为“家电”这一概念。这个概念适用于所有包含这些属性的家电产品，其成员是：

a.家用的；

b.电器；

c.电子产品。

美国心理学家阿瑞提在《创造的秘密》一书中指出：“a. 概念给我们提供了一种或多或少的完整描述；b. 概念使我们可以去进行组织，因为各个不同的属性或组成部分表现出了一种合乎逻辑的内在联系；c.概念使我们能进行预言，因为我们能推论一个概念当中的任何成员所发生的情况。随着时间进展，概念就越来越成了我们高水平的心理结构。”① 比如，“家庭”的概念随着时代的发展不断地有“新概念”产生。如“丁克”，亦即DINK，是英语Doubl eincomes no kids的缩写，直译过来就是有双份的收入而没有孩子的家庭。“丁克族”的概念：比较好的学历背景；消费能力强，不用存钱给儿女；很少用厨房，不和柴米油盐打交道；经常外出度假；收入高于平均水平。如果在房地产开发中加入了这个概念，就成了“丁克房产”。只要在房产广告上打上这个概念，人们就一下子就清楚了这种房型的特点，譬如说厨房小、客厅大等。

在日常生活中，我们要养成对所见所闻保持兴趣的习惯，并把注意力集中在有趣的概念上，这些概念就是那些看似不同的事物上所体现出的共同点。特别要记住在不同的场合看到相同概念。从不同领域里识别出概念，增强运用概念进行设计思考的能力。譬如，应对“时间”的概念，往往用“钟表”来衡量，人们在技术和形式上一直为描述精确的时间概念而不断创新。但是下面两个计时器方案却和“精确”一词少有关系，而是从概念上挖掘富有哲理的内涵，包括时光概念。

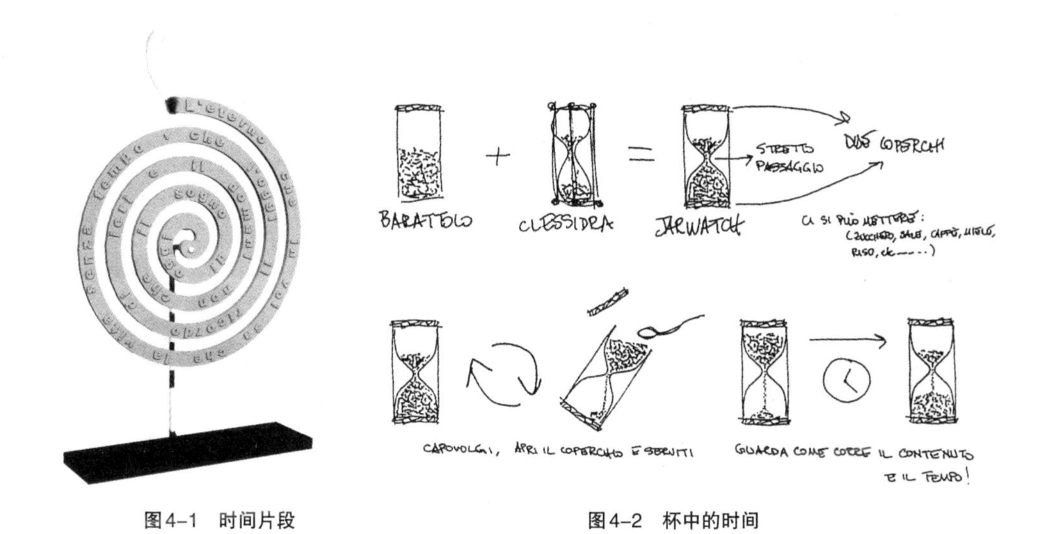

图4–1　时间片段

图4–2　杯中的时间

如图4–1所示，作者在概念思考时提出究竟什么才是时间的确切含义？ 12个片断？ 12种行为？ 12种情感？ 12种体验？ 12个值得怀念的记忆还是12个已经逝去的时刻？作者决定设计一种衡量逝去时刻的感应式装置，引发人们对闲置时间的重视。它看上去像个蚊香，每一块单色的区间象征一段时间，提醒人们抓紧时间，每做一件事都有自己的时间，每个错过的区间就意味着所错过的机会。如图4–2所示是一个名为“杯中的时间”的沙漏计时器，它以一种别具一格的方式计算时间。每当人们把瓶子颠倒后，都会由衷地感到里面的物质在下泄的同时，时间也随之流逝。抽象的时间仅被使用它的人去理解：煮熟一个鸡蛋用两分钟；沏好一壶茶用三分；接听一个电话要用五分钟……瓶子的两端都有开口，打开盖子人们就可以拿到里面的东西。只需拿一套盛香料的容器或者是一些和蜂蜜、果酱一样黏稠的食品，这个时间容器可装人们喜欢的任何东西。

4.2 概念提取

从前面的例子可以看出概念设计的含义。设计者由概念形成命题，再由命题进入设计思维。而不同的人在同一事物中可以看出不同的概念，提取清晰可见的概念是关键，也是创意设计的重要手段之一。

当我们对某一事物提取概念时，可以有意识地改进和强化概念，去除错误的和含糊不清的，提炼出具有特质的东西。明确了概念的内涵、外延和价值后，就可以根据需要试着去改变和挑战概念。

譬如在提取“快餐店”的概念时，不妨先提出这样的问题：

——区别于一般意义的餐饮店，快餐店存在什么样的概念？

——快餐店本身体现了什么概念？

接着就会出现这些所谓“快餐概念”——“快速就餐”、“便宜”、“标准化的品质和价格”、“儿童过生日的场所”等等。当然还可以根据个人独特视角提出更多的概念，如“儿童食品”等等。

接下来就可以挑战这些概念：

先挑战“快速”的概念——在为那些有需要的顾客保持“快速就餐”的同时，可以让其他顾客停留更长的时间，以便消费更多的食物和饮料，以增加更多的利润；

再挑战“便宜”的概念——“便宜”如今已受到了快餐业的普遍挑战，有些快餐店的食物也很贵，甚至有海鲜、珍禽，以及不便宜的特色食品。

由此看出，概念就像是十字路口，站在中间来选择路径。这就是为什么概念可以作为一个观察点来创造备选方案的原因。其要点：

a. 观察一个事物时，可以透过现象观察其中蕴含的概念，甚至存在好几个不同层次的概念；

b. 不必陷入对不同层次概念的判断之中，只需找出各种可能的概念，然后提取看上去最有价值的概念；

c. 概念有一般的、非具体的和模糊的特点。提取的太具体，反而限制了概念的有用性；

d. 要找到最有用的概念层次，只需凭借感觉，通过“上下扩展”对所选择的概念进行多次定义来寻找最为合适的描述。

如图4-3所示，对“快餐店”提取的概念层次。通过对概念的上下扩展，可以找到处在某个有用的概念层次上。虽然概念有多层次性，通过搜寻各种可能

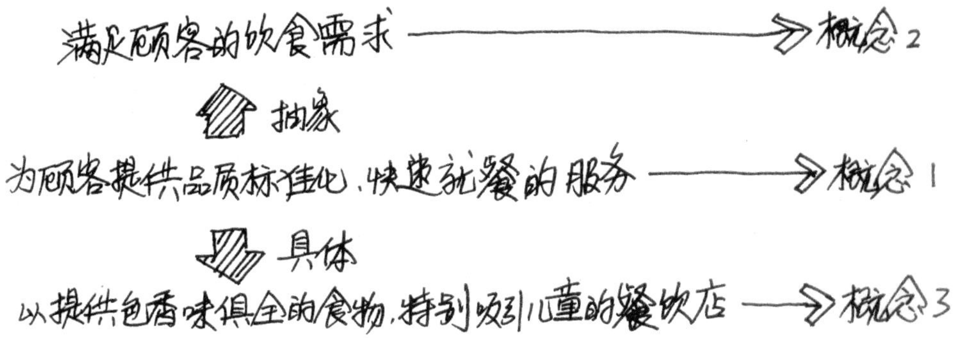

满足顾客的饮食需求 ——> 概念2

抽象

为顾客提供品质标准化、快速就餐的服务 ——> 概念1

具体

以提供色香味俱全的食物，特别吸引儿童的餐饮店 ——> 概念3

图4-3 概念层次

性，提取看上去最有用的那一个。

我们不妨再对“快餐”进行概念思考。众所周知，洋快餐在中国大陆已呈独霸天下之势，国内餐饮界在近二十年内相继出现过几十家各种名目的品牌快餐店，对于快餐的概念诸如“快速就餐”、“便宜”、“标准化的品质和价格”，国内企业基本能做到，但还是难敌洋快餐。究其原因？有人分析说我们只学了些表面的东西，深层次的如“管理理念”还是不得要领。除此之外，洋快餐的一个特点就是尽全力迎合儿童。这一点在做概念层次分析时就提到了“特别吸引儿童的餐饮店”的概念。仔细观察洋快餐的食品，几乎都是让儿童一看就喜欢，就想要。从外观、颜色、味道上都在吸引小孩，大多数儿童一看到那样的食物就迈不动腿了，尽管家长想把孩子拉走，成了徒劳之举。虽然有媒体指责为垃圾食品，但是儿童不看成人世界里的文章，视觉和味觉给他们提出的是直接的需求。

儿童喜欢的东西和成年人是完全不一样的。打开电视机，成年人感动得直落泪，儿童无动于衷；让儿童感动的东西，家长们早就感动过了。近年来，中国菜享誉全世界，但不一定得到全世界儿童的认可，无论是宫保鸡丁，还是清蒸鲈鱼，都是成人世界里的最爱，但不是儿童食品。快餐店里的食品既区别于零食，又能吃饱肚子，而且让儿童看到那个颜色，闻到那个香味，立刻就能喜欢上。至于家长是否喜欢没有关系，目标客户就是儿童。洋快餐吸引儿童的另一招就是就餐环境，装修得像儿童乐园，小孩子一看到里面有吃又有玩就想进去，甚至还可以在里面开生日聚会。

当然，快餐的概念就是“快”。洋快餐的标准化配料、标准化操作保证了能够快。虽然是儿童食品，成人并不一定太爱吃，但是，在市场经济环境下人们工作紧张，吃饭也成了需要快速解决的问题。洋快餐的操作程序、服务态度和就餐环境让人产生信赖感。虽然是儿童食品，也就成了白领阶层不错的选择。

从这个案例中可以看出，提取的功能性概念对创造性思考更有意义。功能性概念可分为目的概念、原理概念和价值概念。还是以快餐为例：

· 快餐的目的概念——可以满足人们快速用餐的需求；

· 快餐的原理概念——通过标准化的配料、操作和管理，保证了食物品质和及时供应；

· 快餐的价值概念——可以在较短时间内解决用餐问题。

三种基本概念类型扩展了多方位思考的空间，但不是目的，也不是在寻找“正确的”概念，而是通过尝试不同的概念描述，找到有价值的备选方案。

将概念思考过程用图解的方式记录下来形成一幅概念地图，其理论基础是奥苏贝尔学习理论。知识的构建是通过已有的概念对事物的观察和认识开始的。学习就是建立一个概念网络，不断地向网络增添新内容。为了使学习有意义，学习者个体必须把新知识和学过的概念联系起来。奥苏贝尔的先行组织者主张用一幅大的图画，首先呈现最笼统的概念，然后逐渐展现细节和具体的东西（图4–4~图4–10）。

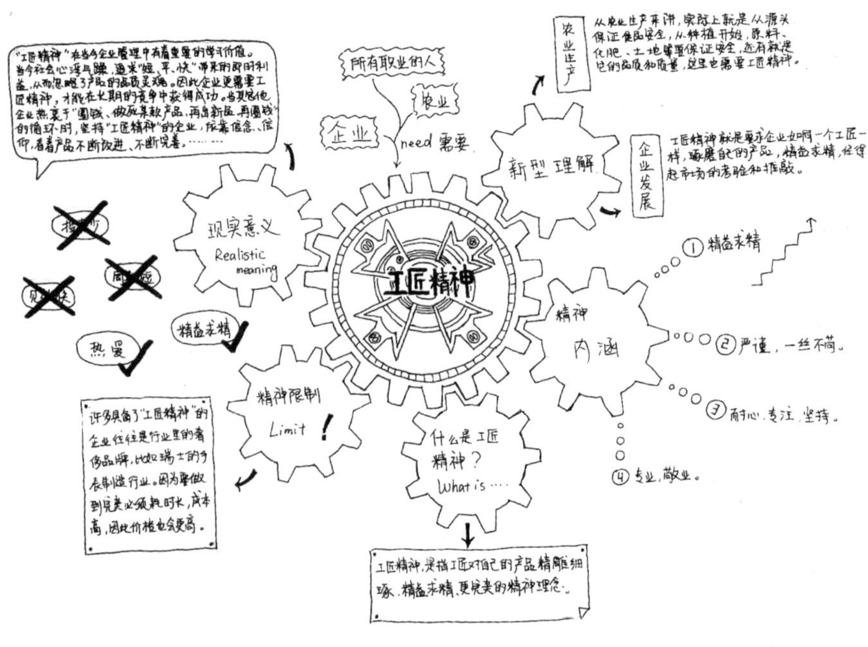

图4–4　工匠精神　作者：姚煦

概念地图是将某一主体的相关的不同级别概念或命题连接起来，形成关于该主题的概念或命题网络，即一种知识的组织与表征的方式。“概念地图”是一种知识以及知识之间的关系的网络图形化表征，也是思维可视化的表征。一幅概念图一般由“节点”、“链接”和“有关文字标注”组成。

a.节点：由几何图形、图案、文字等表示某个概念，每个节点表示一个概念，一般同一层级的概念用同种的符号（图形）标识。

b.链接：表示不同节点间的有意义的关系，常用各种形式的线链接不同节点，这其中表达了构图者对概念的理解程度。

c.文字标注：可以是表示不同节点上的概念的关系，也可以是对节点上的概念详细阐述，还可以是对整幅图的有关说明。

实验课题18：从下列名词概念作概念地图

·“一带一路”战略 · 转基因食品 · 雾霾 · 公积金 · 财政悬崖 · 城市化 · 北斗导航 · 工匠精神 · 品牌连锁店 · 免疫系统 · 物联网 · 智慧制造 · 网络购物 · 鸳鸯火锅

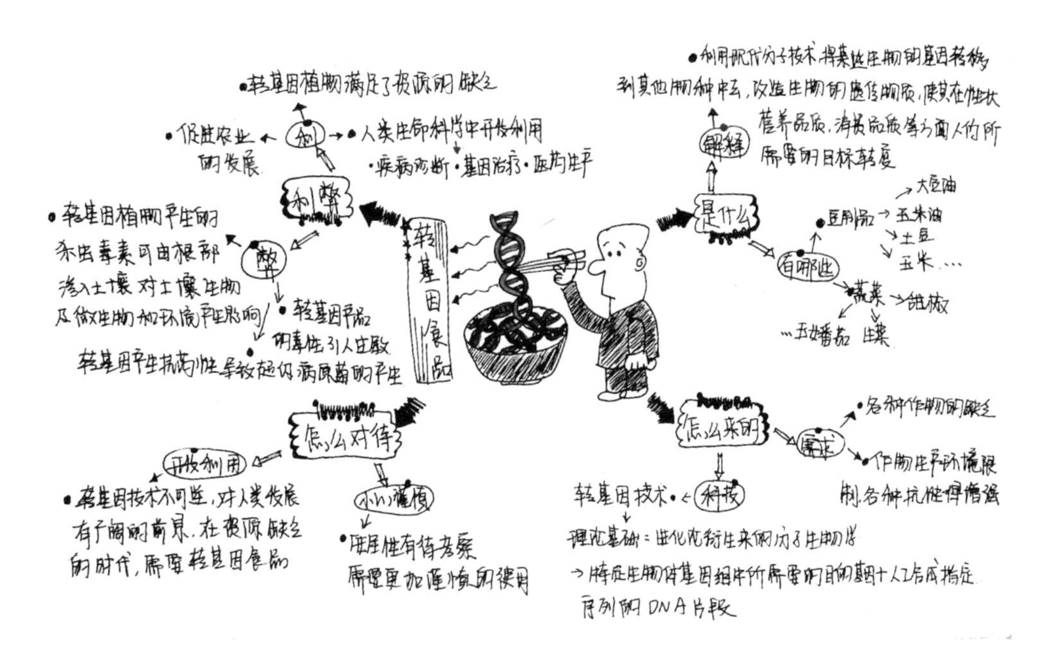

图4-5　转基因食品　作者：刘巧民

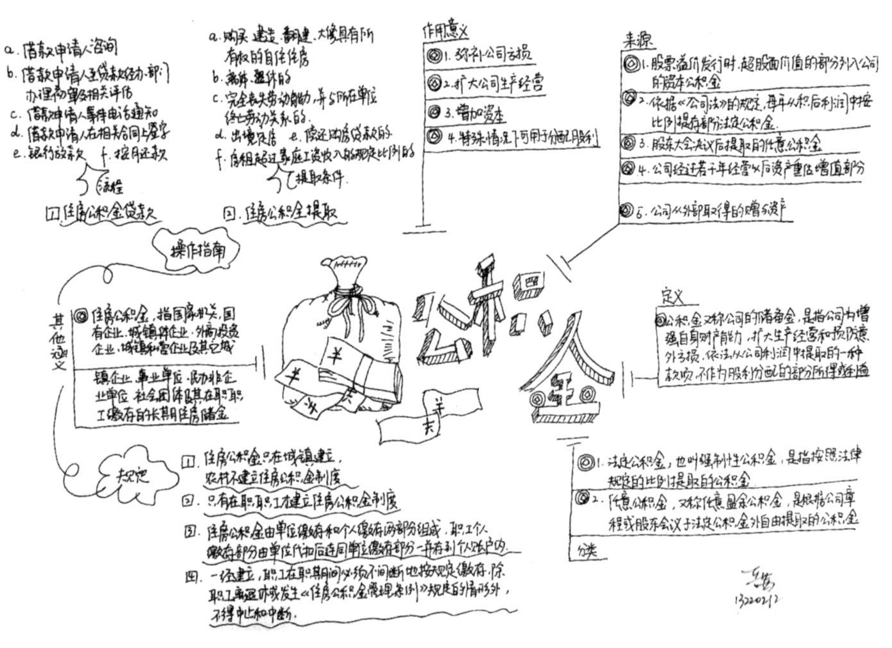

图4-6 公积金 作者：王茜

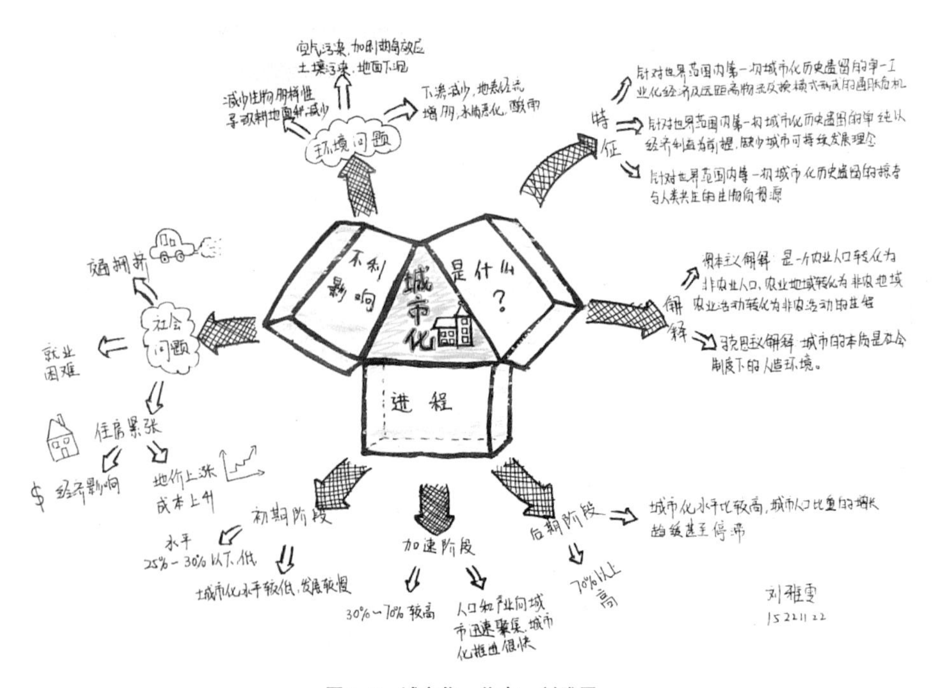

图4-7 城市化 作者：刘雅雯

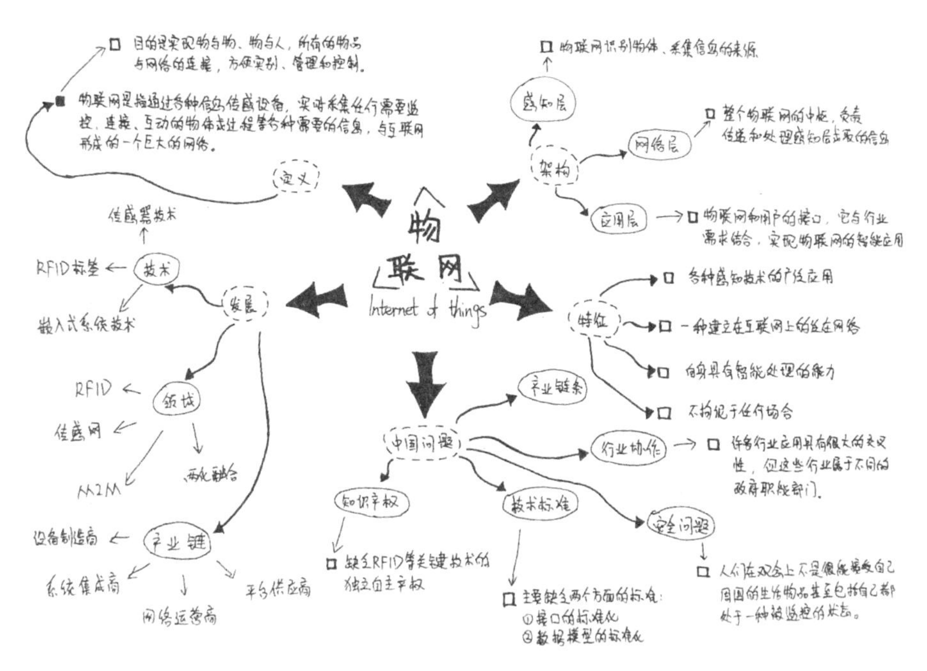

图4-8 物联网 作者：温岚

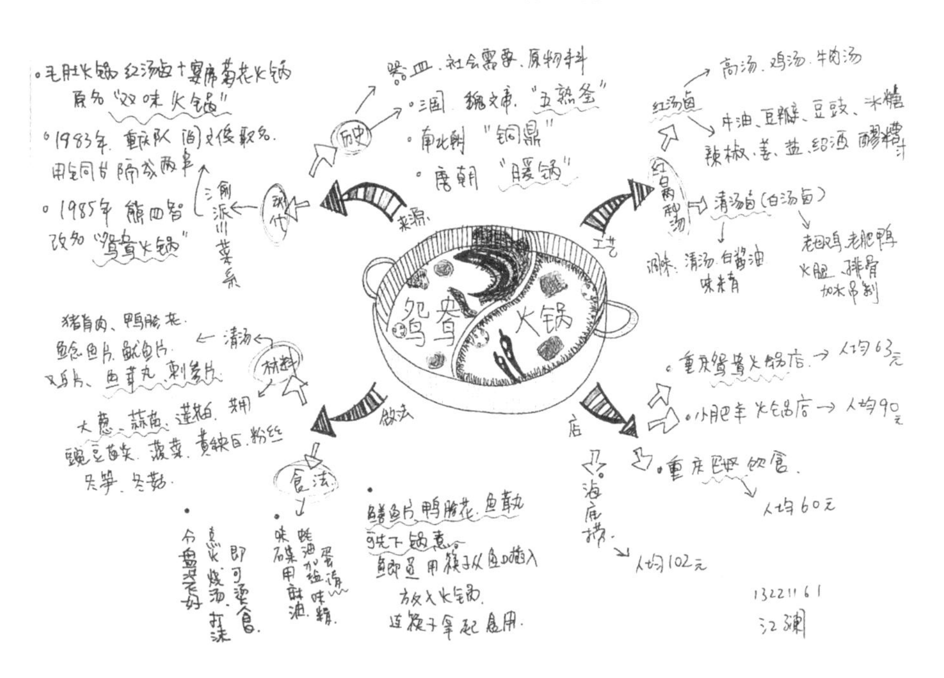

图4-9 鸳鸯火锅 作者：江澜

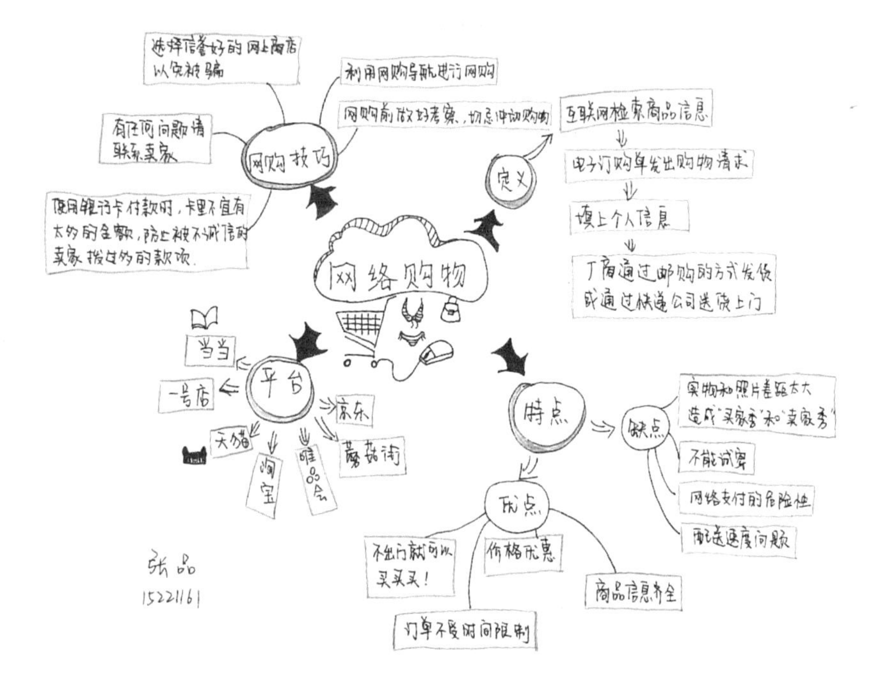

图4-10　网络购物　作者：张品

4.3　非文字思考

本章提到：概念包含了一个等级中的每个成员共同具有的属性。比如当看到"凳子"两个字时，我们立即会产生通常意义上的座具：一个凳面由四条落地的腿支起，可以支撑人体重量等等。因此，凳子的概念已经被凝固在某种样式上。

那么，四脚朝天的还能算是凳子吗？受固有的"凳子"概念的影响，大多数人可能很难认同。

换个话题提问：战争的对立面是什么？我们会不假思索地回答："和平"。作为一个词语，和平只是一个抽象名词，或者说是一种概念。含义十分明确：没有战争。其实没有战争的状态和内容是很多很丰富的，只是"和平"的文字表述限制了我们的思维进行更广泛的联想。

我们可以换一种方式，开启对影视画面的回忆，用图像来描述：战争的具体场景可以描述为是一群人进入到敌对阵营进行破坏性活动：杀戮和伤害那里的人，掠夺和破坏那里的财产等等。那么战争的对立面可以描述为：一群人到友好的地区去进行建设性活动：帮助那里的人建筑公路铁路、修建房子和水利灌溉；大批技术、医务人员到受灾地区进行灾后重建、救死扶伤的活动；艺术家、演艺人员、运动员到友好国家进行文化传播、友好竞赛活动等等……战争的对立面可以演绎出很多场面，而“和平”很容易被理解成一种抽象的状态。其实，人们正常的工作学习、恋爱生活、旅游度假等等状态都是“和平”的状态——也就是战争的对立面。

实验课题19：根据下列题意作图解思考。

· 图解痛苦的对立面是什么？

· 图解仇恨的对立面是什么？

· 图解郁闷的对立面是什么？

· 图解麻烦的对立面是什么？

· 图解孤独的对立面是什么？

我们会发现，同样一个问题，如果用文字回答可能只有一两个答案；而通过图形图像的想象，不同的人会有各不相同的答案。如图4-11~图4-14所示是同学们所作的练习中可以看出，面对“郁闷”、“麻烦”、“痛苦”这些概念时，每个人所指向的内容是具体的，也是各不相同的。面对生活中具体问题，有些是可以用文字来表达，有些就很难有确切的文字来描述。

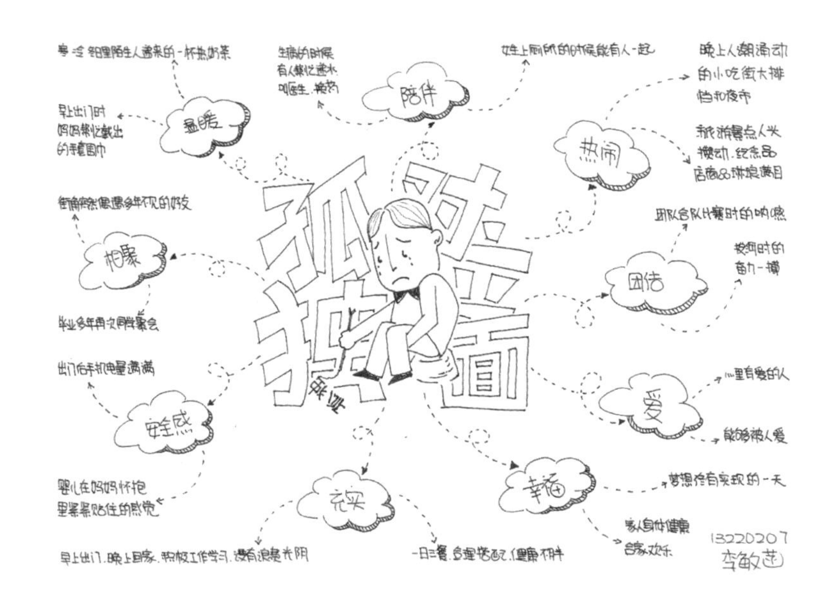

图4-11　孤独的对立面　作者：李敏菡

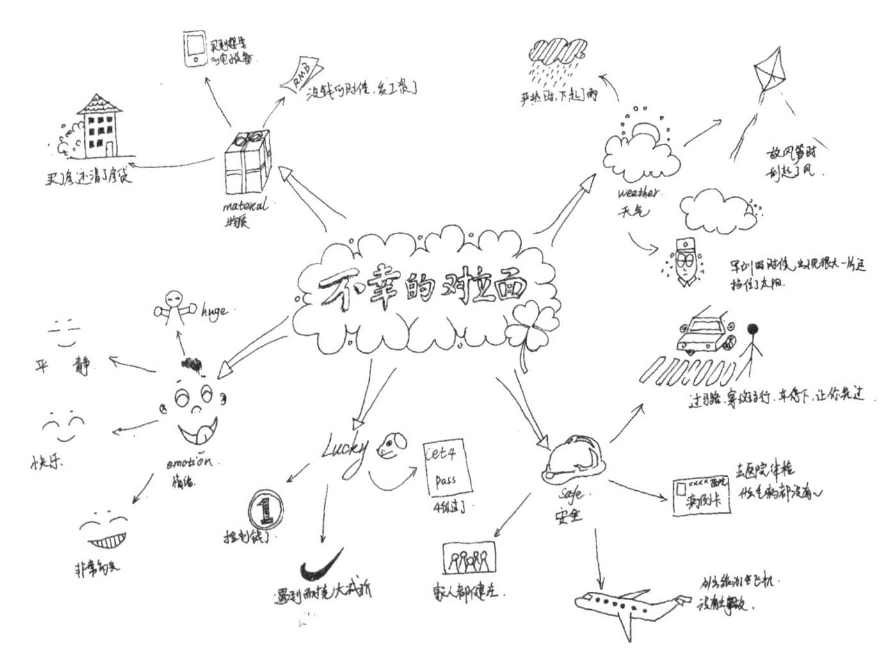

图 4-12　不幸的对立面　作者：何航

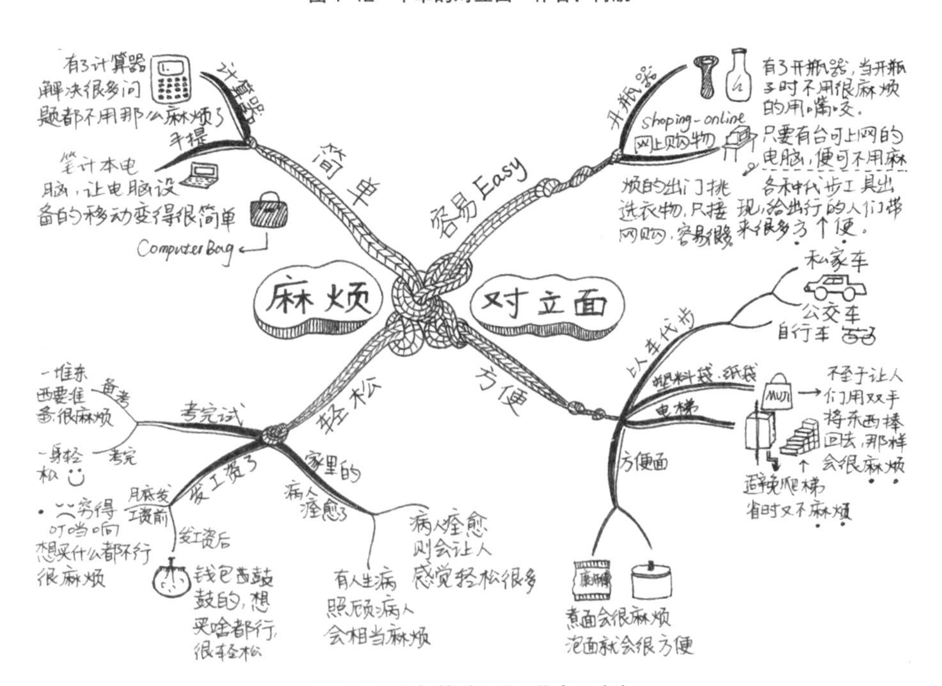

图 4-13　麻烦的对立面　作者：沈也

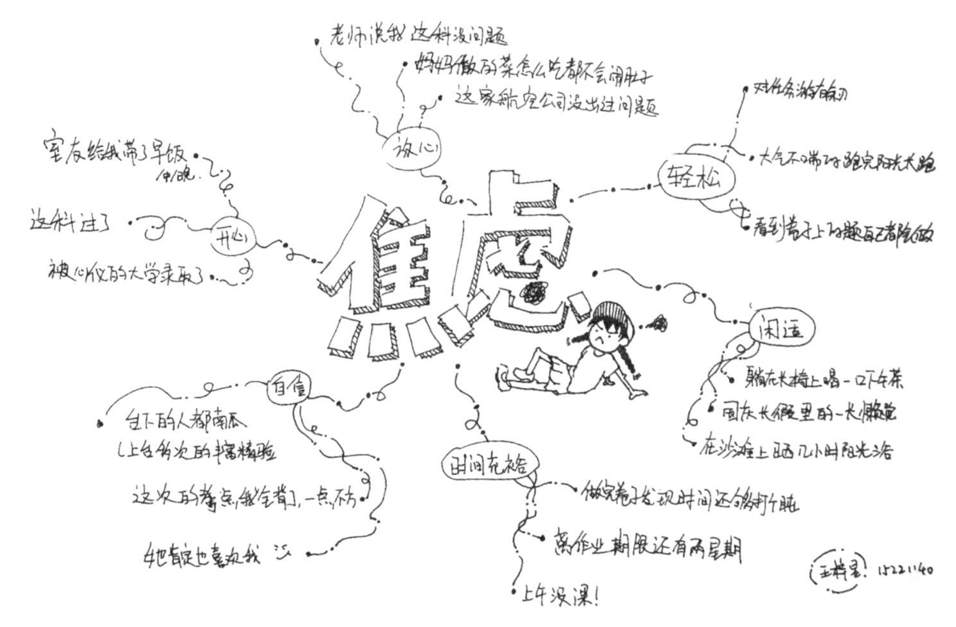

图4-14　焦虑的对立面　作者：王梓昱

在创新设计中，不要因为一个想法缺少一个名字或明确的词汇，就认为这个想法没有价值。相反，往往是一个新事物会衍生出许多新的词汇、从而形成新的概念。前面提到过的微型计算机的“视窗”、“菜单”概念的产生就是最好的例子。当然，用非文字思考并不等于一定好于文字思考，这种方法仅仅是有助于产生不同概念的可能性。寻找尽可能多的可能性是创造性思维的重要特征。

再回到本节最初提出的问题：四脚朝天的还是凳子吗？不妨动手画一画，也许就能产生创新凳子的点子。实验课题19~21是运用非文字思考才能解决的问题。

实验课题20：请将图4-15中的虚线剪开，判断这个图形是否与麦比乌斯圈拓扑等价。

· 拓扑学主要研究几何图形在连续变形下保持不变的性质。

· 在拓扑学里不讨论两个图形全等的概念，而讨论拓扑等价的概念。比如，尽管圆和方形、三角形的形状、大小不同，在拓扑变换下，它们都是等价图形。

· 从拓扑学的角度看，它们是完全一样的。

· 请大家剪开试试。（答案在注释[②]）

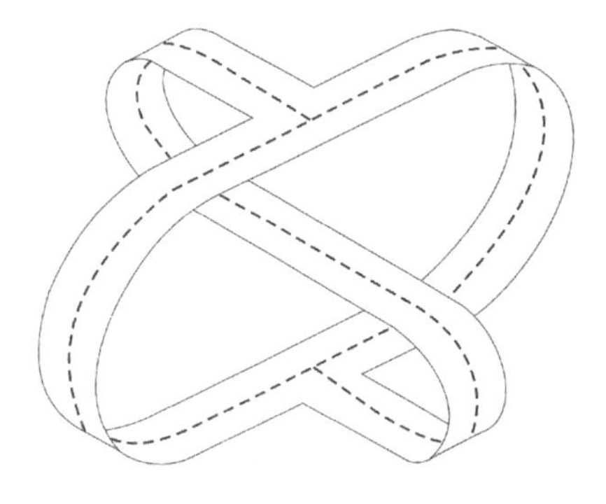

图4-15　这个图形是否与麦比乌斯圈拓扑等价？

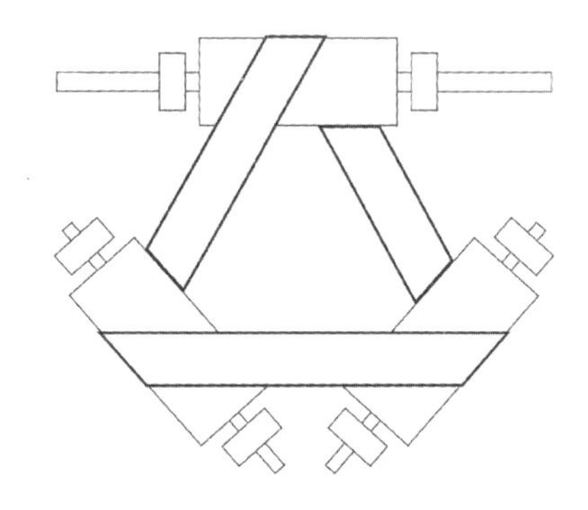

图4-16　这条皮带是否是麦比乌斯圈？

实验课题21：如图4-16所示，在皮带传送作业机上皮带被安上3个方向的轴上（最上边的是主动轮）。

· 请问这条皮带是什么形状的？

· 是一个简单的圆环？

· 还是麦比乌斯圈？

· 或者其他什么形状？（答案在注释[3]）

专题研究04：关爱弱势人群

· 以三人组成一个设计小组，选出一名组长负责协调小组设计工作；

· 制定设计调研时间表；

· 每人对课题有个前期思考，画出“哪些人群需要关注？”的思维导图（图4-17、图4-18）；

· 前期调研包括：走出校园接近所要关注的人群，用照片、文字记录访问过程和思考（图4-19）；

· 资料调研：收集阅读相关论文、专利文献，每人写一篇课题研究文献综述。（见下列附文）

· 制作调研PPT，在全班汇报（图4-20）；

· 分析、定义问题、画出概念地图，小组头脑风暴深化概念（图4-21~图4-23）；

· 画出草图，制作概念模型，细节设计（图4-24、图4-25）；

· 根据小组提出的概念，作方案设计（图4-26）；

· 整理设计成果资料，设计版面和设计陈述PPT（图4-27）；

· 每个小组在全班作概念设计PPT陈述，老师作点评（图4-28）。

环顾周围世界，哪些人群需要我们关心、爱护、救助：

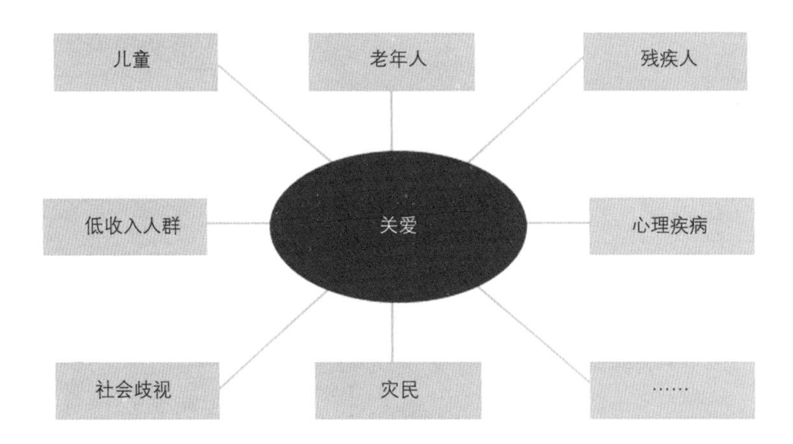

图4-17 哪些人群需要关爱

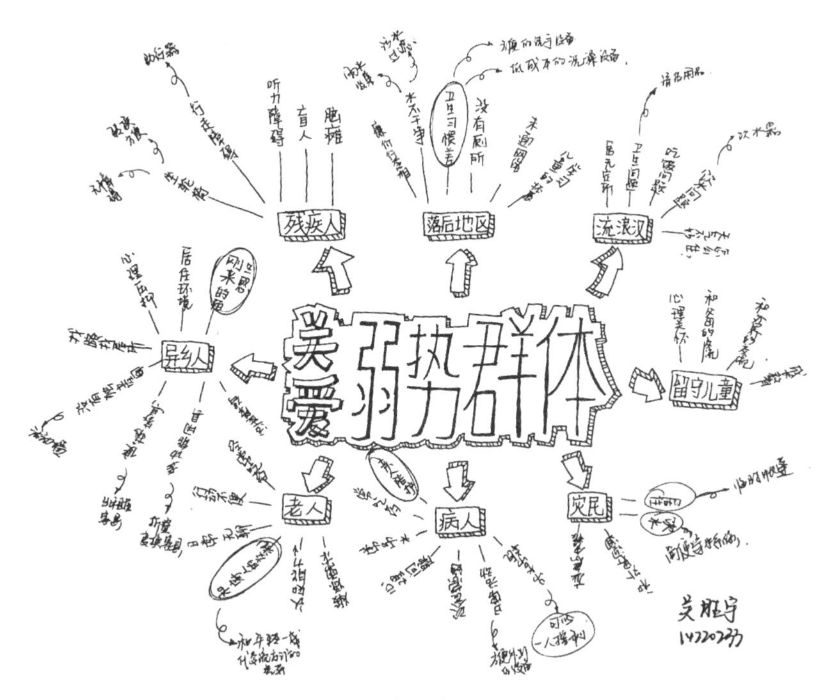

图4-18 弱势群体的思维导图

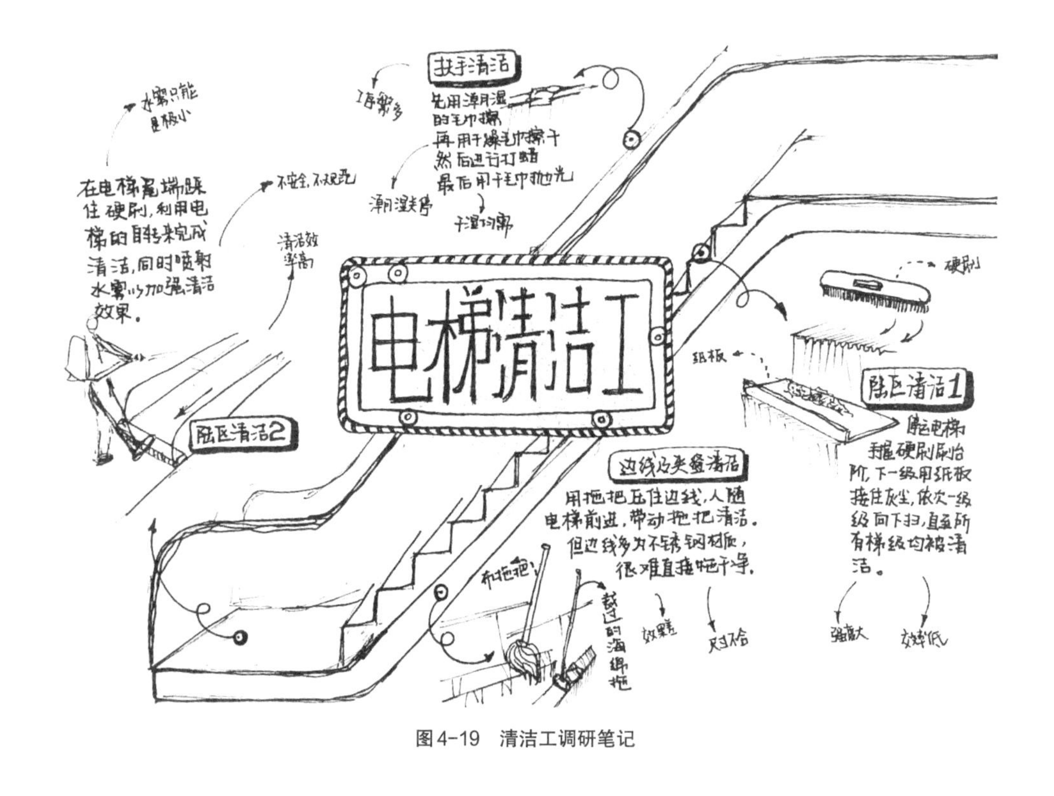

图4-19　清洁工调研笔记

专题研究的文献综述：

研究课题：自动扶梯清洁工具的分析及优化

姓名：应渝杭　学号：14220202　专业：工业设计

前言

城市迅速发展的今天，大型商场、医院、火车站等场所都会用到自动扶梯，随着技术的发展的同时，自动扶梯也越来越人性化，可是相对应的清洁工作却还十分落后，与城市的高度发展并不适配。由于机器清扫的成本过高，大部分场所采用的方法都是人工清洁扶梯。自动扶梯的安全性问题还尚待解决，采用人工清洁扶梯本身就更需要严肃对待。据调查，在自动扶梯运行时进行清洁的情况很普遍，可视为业内默认的操作方法。很多不规范的清洁方法层出不穷，所用的清洁工具也五花八门，大多是清洁人员根据经验挑选的普通清洁工具。这些因素都具有安全隐患，对于清洁人员的生命安全是一种长期威胁。市场上的专业化清洁机器普遍价格过高，难以普及，而一些简单的工具又过于粗糙。我们需要做的就是对自动扶梯的清洁程序和工具做出改进、优化，并适用于大部分场所，使得扶梯的清洁工作更为安全。

主题

a.传统自动扶梯清洁规范

自动扶梯清洁、保洁工作主要包括踏板、步梯、扶手带与两侧护板的清洁等，一般每日清洁一次，并会进行巡回保洁。

自动步梯的清洁工作应该安排在晚间电梯停止时进行，遵循从上到下的原则依次操作，即由上着陆区开始到下着陆区，先扶手后护板再步梯的顺序进行。需要用到如扫把、地拖、抹布、干毛巾、水桶、喷壶及清洁剂、清洁提示牌等工具。

由上着陆区开始至步梯到下着陆区用扫把进行清扫垃圾，齿缝灰尘用吸尘器吸尘。扶手带、玻璃、不锈钢与皮制品等喷洒上适量的清洁剂，然后分类依次先用湿抹布用力地擦拭，过清水之后再用湿抹布抹擦，最后用干的毛巾擦净水迹。

将毛巾浸入已配制好清洁剂的水桶中，拿起拧干，用力拖抹着陆区、步梯，再将毛巾浸入另一桶清水中，拿起后用力拧干，重复拖抹着陆区、步梯。

b.实际操作中出现的问题

在实际生活中，清洁自动扶梯时存在一个常见的违规现象，大部分清洁人员为了保证清洁效率，常常会在扶梯运行过程中进行清洁。这就使得他们处于一个不稳定的工作环境中，生命安全得不到保障。而在清洁过程中的操作不规范往往也是导致事故发生的根本：

在两侧护板的清洁过程中，清洁人员往往都是随着扶梯的上下运行进行擦抹，抹布可能会被卷进扶梯夹缝中，对清洁人员的安全造成一定威胁；

在步梯的清洁过程中，常见的有两种清洁方法，都是在扶梯运行的基础上进行清洁的。一种是将长条形拖把置于扶梯出口的梳齿板处，用双脚或单脚踩住拖把，再用喷雾器喷水进行步梯的清洁，这种操作方法不仅容易使工具被步梯夹住，清洁人员也容易失去平衡而发生意外，这种方法一般需要有多年经验的清洁人员；另一种则是用专用的长条刷子，两手握住把手，在扶梯出口的梳齿板处刷洗，采用这种方法的清洁人员需要长时间保持下蹲姿势，双手离梳齿板过于接近，费力的同时也有一定的安全隐患。

c. 市场现有解决方案

除了通过人工清扫，还可以使用自动扶梯清洁机进行清洁，市场上的清洁机工作原理大多是在同一机座上，将清洁装置和吸尘装置组合成一体，同时进行扫尘、除渍和吸尘。清洁装置包括一个由电机通过皮带带动的清洁刷，吸尘装置的吸风道口笼罩在清洁刷之上，沿吸风道口四周布置同机座下边沿连接的防扬尘刷，吸风道弯头伸向设置于机座中部的密闭储尘箱中的垃圾袋，密闭储存箱同真空泵相连，电机与真空泵同时工作。由于技术成本导致了其价格也一直居高不下，价格从几千到几万不等，低价的质量得不到保障，高价的成本又过高。因此虽然自动扶梯清洁机能提高清洁效率，减轻清洁人员的负担，但是相对于人工清洁来说成本偏高，在大多数中低端场所中难以被接受。

d. 优化方向

我们通过分析比对现有的扶梯清洁方法发现，在扶梯运行的过程中进行清洁工作是不可避免的潜在现象，既然无法避免，我们就只能从操作程序和工具上进行优化，在保证清洁效率的基础上提高清洁工作的安全性。而自动扶梯清洗机由于价格、质量和清洗效果等等因素并不能得到很好的普及，因此我们希望对一些基础的工具做出优化改进，让其能够得到更好的普及。在整个清洁流程中，对步梯的清洗是最危险也是最费力的一个步骤，通过脚踩拖布或是手拿刷子这两种方式都具有一定的危险性。但这两种方式都有一个共同点，需要将清洁工具固定在梳齿板入口处，既然是固定，通过一定的结构设计就能做到这一点，用工具自带的结构固定住工具本身，从而解放清洁人员的手和脚，对于他们的安全也有了一定的保障。以上是对现有的清洗自动扶梯的方式存在的缺陷的分析归纳，可以看出在这方面还有许多需要做出改进的地方，我们希望能通过简单而巧妙的设计优化提高自动扶梯清洁工具的安全性、效率性以及普及性。

总结

本文首先介绍了自动扶梯清洁的清洁规范，结合实际调查结果讲述了现实生活中对于自动扶梯清洁的一般程序，最后分析归纳了在实际清洁过程中普遍存在的一些问题。大部分清洁人员为了提高工作效率会在扶梯运行时进行清洁，存在安全隐患；在清洁步梯部分的时候，会用脚或双手固定和使用工具，其中的多种操作方式易对清洁人员造成危害；而自动扶梯清洁机虽然可以很安全地进行清洁工作，但是在普及性上仍有很大的缺陷。根据上文所列出的三点体现在现实生活中的问题，通过分析调查，现得出以下结论：在现有的清洁工具中挑选合适的工具进行结构优化设计，在保证清洁效率的前提下提高清洁工具的安全性和普及性。最终能为少数人关注的自动扶梯清洁领域做出一定的贡献，设计出能够适应现代化城市的自动扶梯专用清洁工具。

参考文献

[1] 于小伟. 浅谈自动扶梯的检测 [J]. 商品与质量：学术观察，2012（6）：250-250.

[2] 陈伊萍，邹娟. 上海自动扶梯清洁方式调查[N].东方早报，2015-08-04.

[3] 四川荣诚清洁服务有限公司. 商场扶手电梯安全清洁程序[EB/OL]. http：//wenku.baidu.com/view/945fefc869eae009581bece6.html?from=search.

[4] 李艳，欧毅，袁英才，黄海洋. 电梯扶手清洗机的专利研究[J].专利知识，2011（2）123-127.

[5] 武汉市昌电环保设备有限公司. 扶梯清洗机、步梯清洗机、电梯清洗机的日常清洁和保养[EB/OL]. http：//wenku.baidu.com/view/46164cf4f90f76c661371ace.html?from=search.

[6] 张佳琪. 自动扶梯咬人 清扫规范在哪[N]. 新闻晨报，2015-08-04.

[7] 陈伊萍. 上海自动扶梯清洁方式调查[N].东方早报，2015-08-04.

[8] 杨立. 自动扶梯清洁机：中国CN94227679.5，[P]. 1995-01-11

[9] Selly-Chiang Yu. Cleaning workers' expectations [EB/OL]. www.eaeraldinsight.com/0264-0473.htm.2006

[10] Kern，C. Cleaning tool research [J]. Life Weekly，20010，29：302-324.

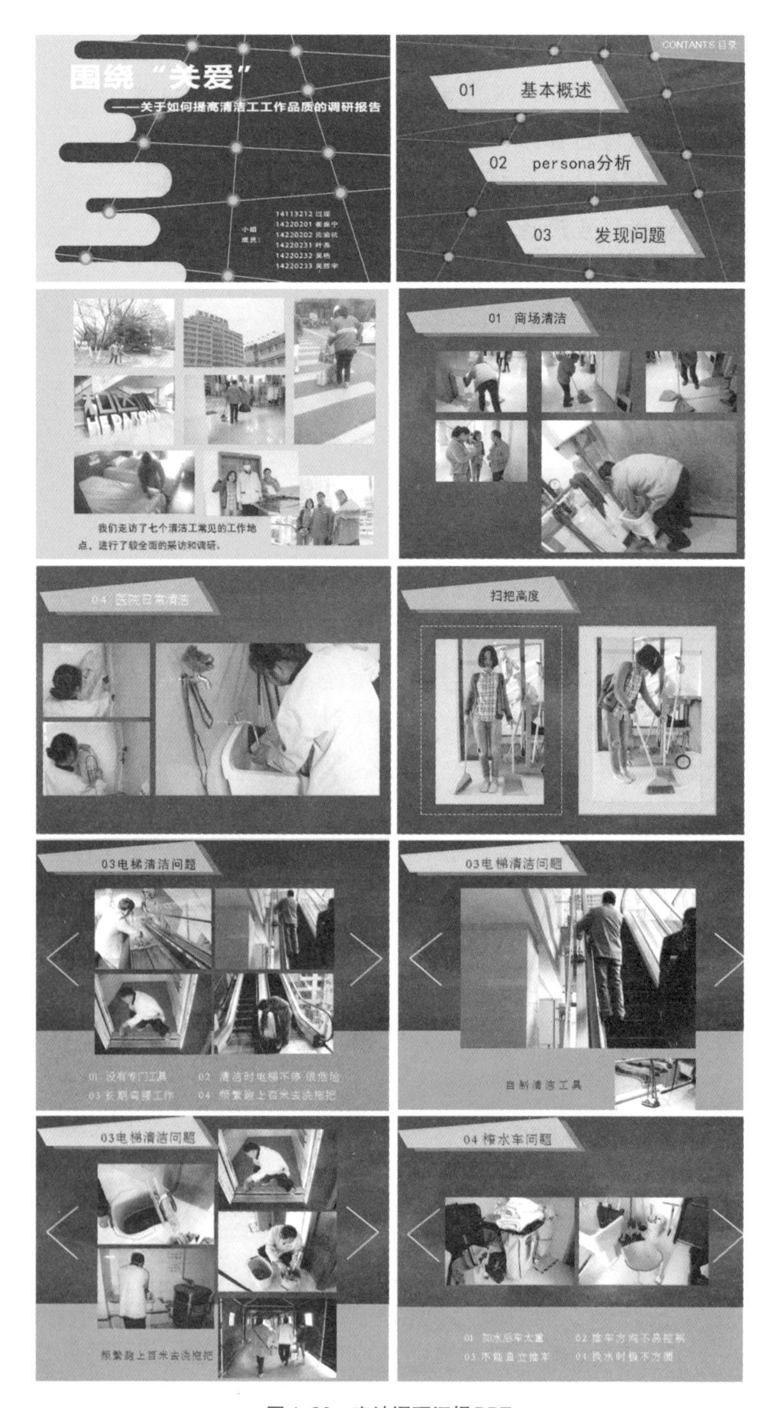

图4-20 实地调研汇报PPT

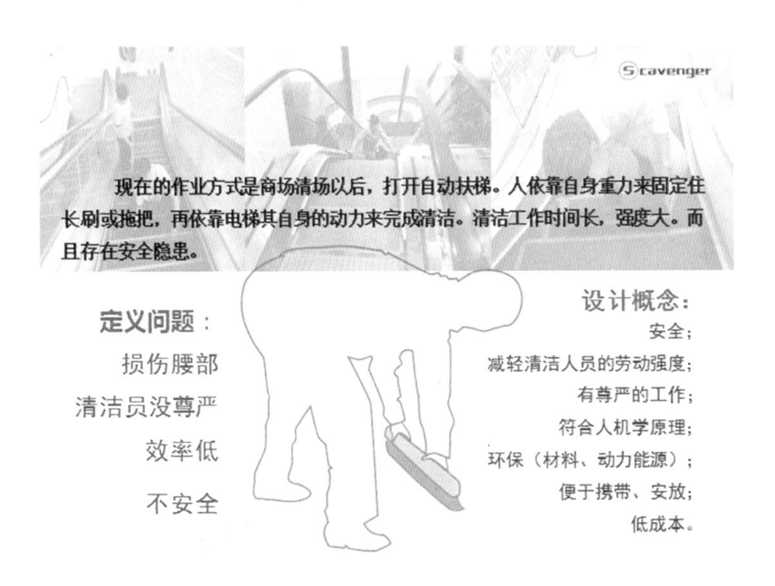

Scavenger
现在的作业方式是商场清场以后，打开自动扶梯。人依靠自身重力来固定住长刷或拖把，再依靠电梯其自身的动力来完成清洁。清洁工作时间长，强度大。而且存在安全隐患。
定义问题：
损伤腰部
清洁员没尊严
效率低
不安全
设计概念：
安全；
减轻清洁人员的劳动强度；
有尊严的工作；
符合人机学原理；
环保（材料、动力能源）；
便于携带、安放；
低成本。

图4-21　自动电梯清洁现状存在的问题

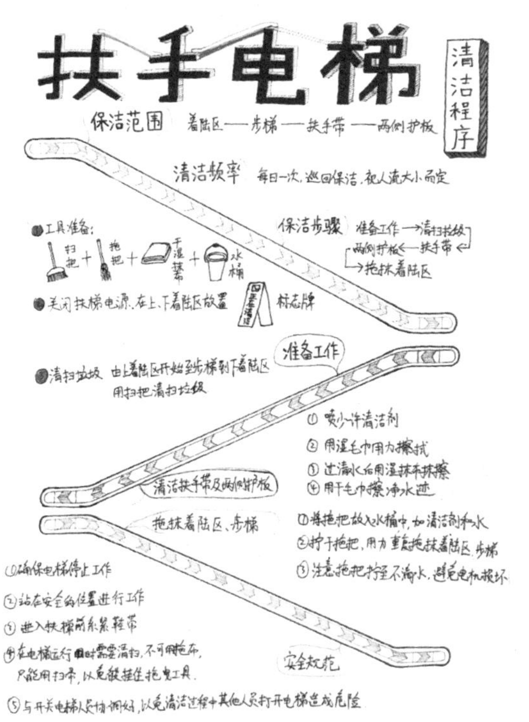

图4-22　电梯清洁概念地图

图4-23　头脑风暴、设计概念交流

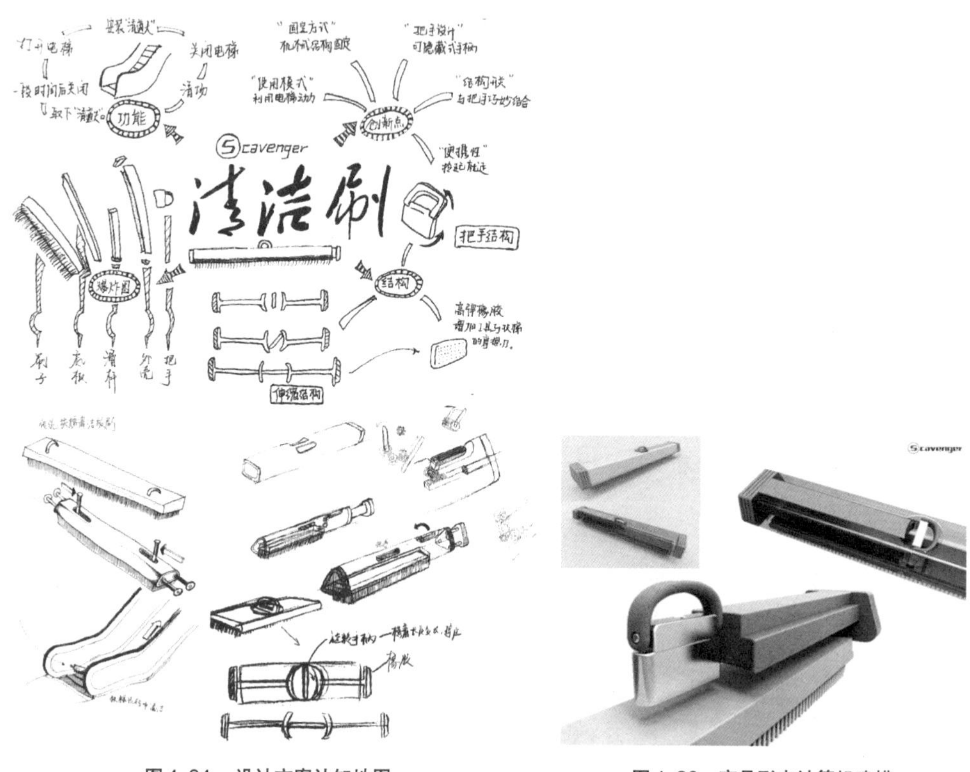

图 4-24　设计方案认知地图

图 4-26　产品形态计算机建模

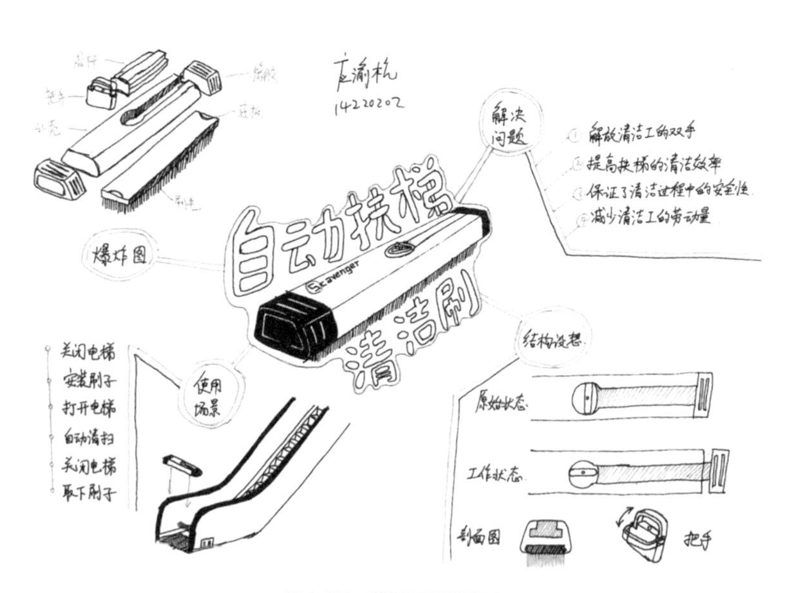

图 4-25　草图及细部研究

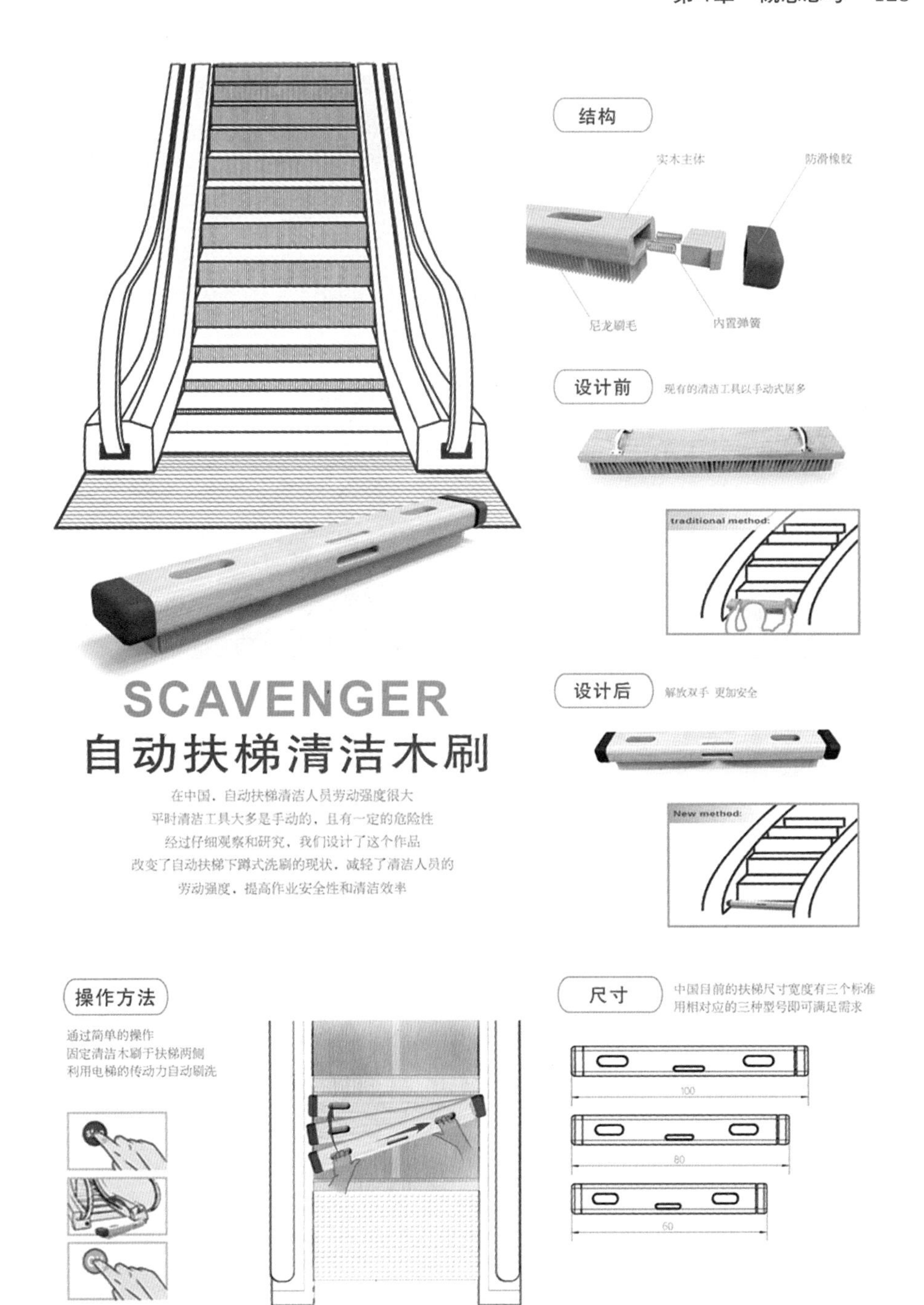
结构
实木主体
防滑橡胶
尼龙刷毛
内置弹簧
设计前
现有的清洁工具以手动式居多
traditional method:
设计后
解放双手 更加安全
New method:
SCAVENGER
自动扶梯清洁木刷
在中国，自动扶梯清洁人员劳动强度很大
平时清洁工具大多是手动的，且有一定的危险性
经过仔细观察和研究，我们设计了这个作品
改变了自动扶梯下蹲式洗刷的现状，减轻了清洁人员的
劳动强度，提高作业安全性和清洁效率
操作方法
通过简单的操作
固定清洁木刷于扶梯两侧
利用电梯的传动力自动刷洗
尺寸
中国目前的扶梯尺寸宽度有三个标准
用相对应的三种型号即可满足需求
100
80
60

图4-27　设计版面

图 4-28　专题研究陈述、答辩

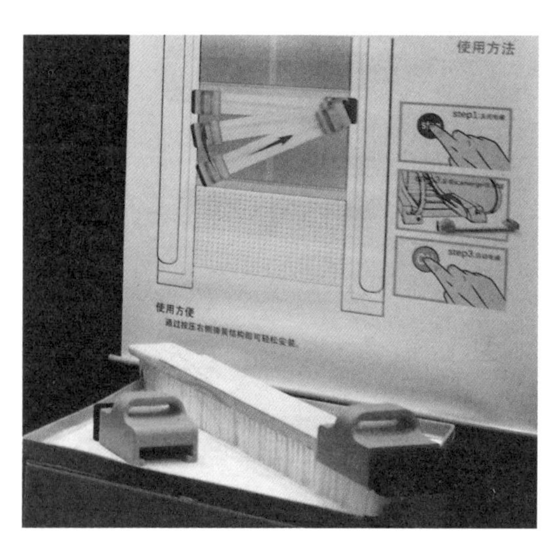

图 4-29　课程作业经过深化设计，被推荐参加浙江省大学生工业设计竞赛

图 4-30　经过模型版面展示、答辩陈述等环节，终于在众多竞争者中脱颖而出获得金奖。团队成员：吴胜宇、应渝杭、过瑶

任课老师点评：自动扶梯清洁木刷的设计课题是在实地调研的过程中，经过仔细观察，获取细节图像、文献和专利资料才确定的。也就是说在前期调研上，小组成员花了大量的时间和精力，才获得第一手资料。观察的角度是独特的、感性的、具体的。当一个问题被明确定义，距离解决问题已经不远了。虽然小组成员的草图手绘、模型制作、计算机建模等能力还处在基础阶段，但他们在整个过程中的概念思考能力起到了关键作用。当他们拿着不太完美的概念模型去回访电梯清洁人员寻求改进意见时，清洁员对大学生的创意给予了肯定，因为小组成员设计出了他们想要的工具。

注释：

①[美]西尔瓦诺·阿瑞提.创造的秘密[M].钱岗南译.沈阳：辽宁人民出版社，1987：113.

②这个图形剪开之后得到的是1个正方形的圈，这个圈有2个面，2条边界线，没有螺旋。也就是说，这个图形与麦比乌斯圈不是拓扑等价的，与麦比乌斯圈剪开后得到的图形不一样。

③是麦比乌斯圈。这种传送带能够将力量均衡地分散到传送带的两面，因此其寿命是其他传送带的两倍。这个特性曾被一家公司所运用，并取得了专利。

第5章 设计实验

- 教学内容：设计实验和发现可能的方法。
- 教学目的：1. 提高感官知觉能力，学会用视觉思维方式进行观察、联想和设计制作；
  2. 在提高观察思考能力的基础上，提升视觉表达能力。
- 教学方式：1. 用多媒体课件、示范作品作设计实验和方法陈述；
  2. 学生以小组为单位组成课题组，进行对各种可能性的尝试；
  3. 教师对每个团队的实验过程、结果作适当的指引和评价。
- 教学要求：1. 教师要促使学生成为一个自主的探寻者，鼓励学生作各种大胆的尝试；
  2. 利用课外时间到小商品市场、建材市场作调查、采购，在教学实践中进行讨论和教师的辅导；
  3. 学生要利用大量课外时间去图书馆、上网搜寻找有关资料。
- 作业评价：1. 不以成败论英雄，但要体现思考过程和思维质量；
  2. 对材料要有新的发现，并能充分地表达；
  3. 独创性、新颖性和审美性。
- 阅读书目：1. 柳冠中. 综合造型设计基础[M]. 北京：高等教育出版社，2009.
  2. [美]理查德·福布斯. 创新者的工具箱[M]. 董北一译. 北京：新华出版社，2004.
  3. 叶丹，孔敏. 产品构造原理础[M]. 北京：机械工业版社，2010.

5.1 可能性

前几章讨论的是设计思考方法，或者称为思考工具，这些方法和工具本身不能产生解决问题的方案，但可以帮助寻找解决方案的可能性。譬如说：

对这件事还有其他的选择吗？

这个问题还有其他的答案吗？

这个项目还有其他的设计方案吗？

“可能性”是一个非常重要的概念。研究、设计、探讨、实验等，都是寻找事物潜在可能性的过程。现实生活中，在解决问题的初期就能找到一种看起来令人满意的答案并不多见。如果努力寻找的话，可能会发现更多选择的可能性。设计，从某种程度上讲，不是在寻找最佳答案，而是寻找“比较适合”的可能性。也就是说，设计不存在唯一正确的方案。

我们一般把设计定义为问题求解过程，和做数学、物理题目一样，也是寻求解题思路、解题途径的过程。在做物理题时，将已知条件代入一个或多个公式，推导出未知数，这是我们熟悉的中学物理解题程序。那么设计的求解过程是怎样的呢？譬如设计课题是儿童剪刀，如制造商的生产能力、技术条件，可供选择的材料，小学生手工课使用工具的安全要求，小学生对手工工具色彩造型的认知等，我们的设计问题就是在分析已知条件的基础上，去解决如何选择合适的材料、色彩、造型、尺寸适合儿童对剪刀的需求问题、儿童在剪刀使用过程中的安全问题以及携带、储存、包装、运输等问题，就如同物理解题利用的推导公式一样，将这些问题纳入一个产品服务体系中，最终形成相应的设计方案。在这个设计过程中，实际上是解决使用者与产品的关系，以及各种因素之间关系的可能性。问题是设计的出发点，解决问题的途径形成设计的总体思路。

借用物理概念是因为物理解题与产品设计求解思路是一样的。不同的是物理题只有一个正确答案，设计没有唯一答案。按照程序进行设计，最终获得的一个或多个设计结果只有较好与不好之分，而没有正确与错误之别。

好，我们就从实验课题22做起，来寻找设计的可能性和可能的设计。课题名称是“连接”，要求寻找合适的材料设计一种新的连接方式，不能使用粘结剂。所谓合适的材料，其含义是作为学生能力范围内能得到的、容易加工的、廉价的、安全的等，所以把金属、硬质材料、贵重的材料排除在外。在这个前提下对可获得的材料作“可能性”的尝试，其中包括各种纸张、泡沫塑料等，在文具店、小商品市场能采购得到。

动手之前我们可以查阅孔明锁的相关资料，可以称得上是连接构造的经典作品。这种中国传统玩具“孔明锁”，相传是三国时期诸葛孔明根据八卦原理发明的玩具，来源于中国古代建筑独有的斗栱结构（图5-1）。建筑师和设计师常常把对孔明锁（或称孔明榫）的研究纳入自己的专业研究范围。对孔明锁原理研究的学科涉及几何学、拓扑学、图论、运筹学等多门学科。“孔明锁”设计要点是三向度的连接，并且“个体”与“整体”可以自由拆卸与组装。需要注意的是：材料、结构、形态是一个“系统”的概念：材料决定连接的方式，连接的方式决定结构，结构决定最后的形态，而形态是由材料的特性决定的。这几个元素是互为因果的，不能用主观上自认为好看的材料“硬套”在某个结构中。所以设计构思的过程就是在这几个元素里寻找各种组合的可能性。即使是所谓的经典作品也不意味着“唯一”，孔明锁本身就有三柱、六柱、八柱、九柱之分，每一种柱式又有多种形式。利用孔明锁原理可以设计出各种不同材料、不同构造的“孔明锁”（图5-2）。

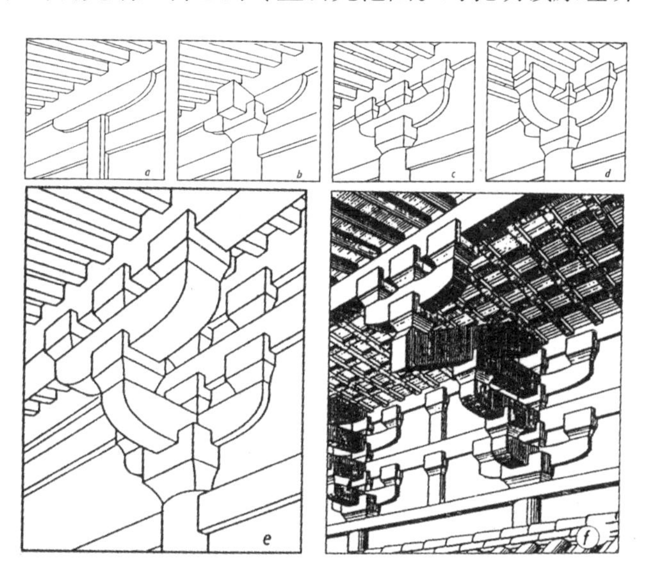

图5-1　中国传统建筑结构——斗栱

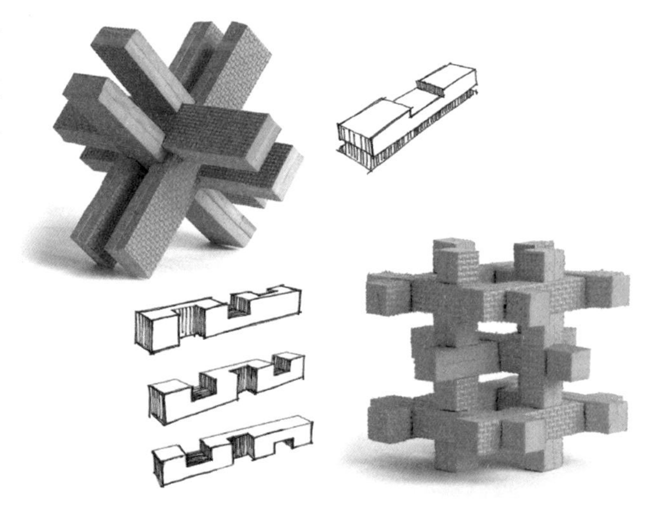

图5-2　孔明锁设计　设计：郑书洋、上官长树

实验课题22：连接

· 寻找合适的材料，设计一种创新连接（连接方式不得使用胶粘剂）；

· 首先要确定基本形，基本形之间必须能自由拆卸，并能组合成一个结构稳定的整体；

· 要充分研究材料特性与形态连接的可能性；

· 样本设计：内容包括构思过程、连接示意图和模型照片；

· 模型尺寸：16mm × 16mm × 16mm 范围之内。

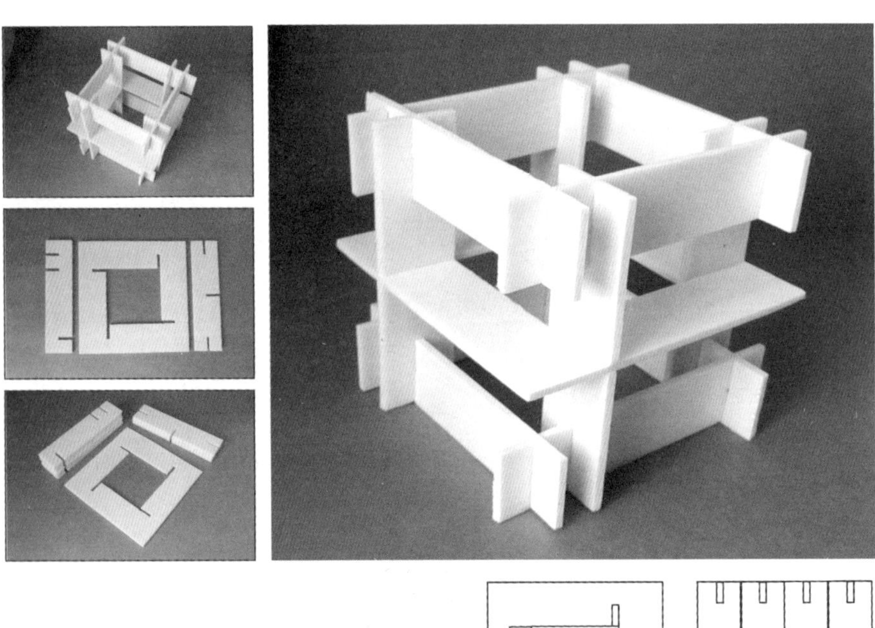

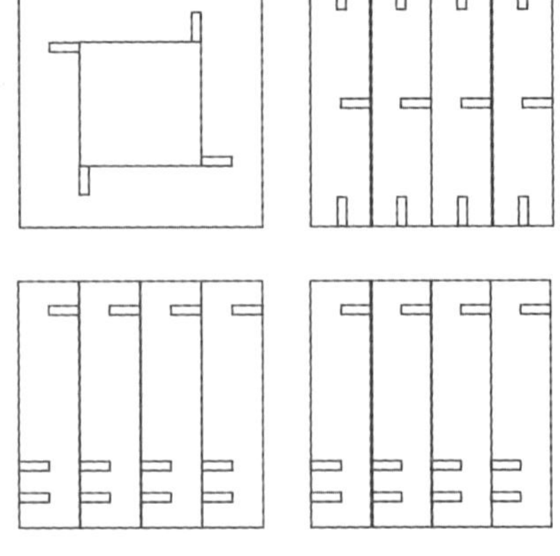

图5-3　连接　设计：应渝杭

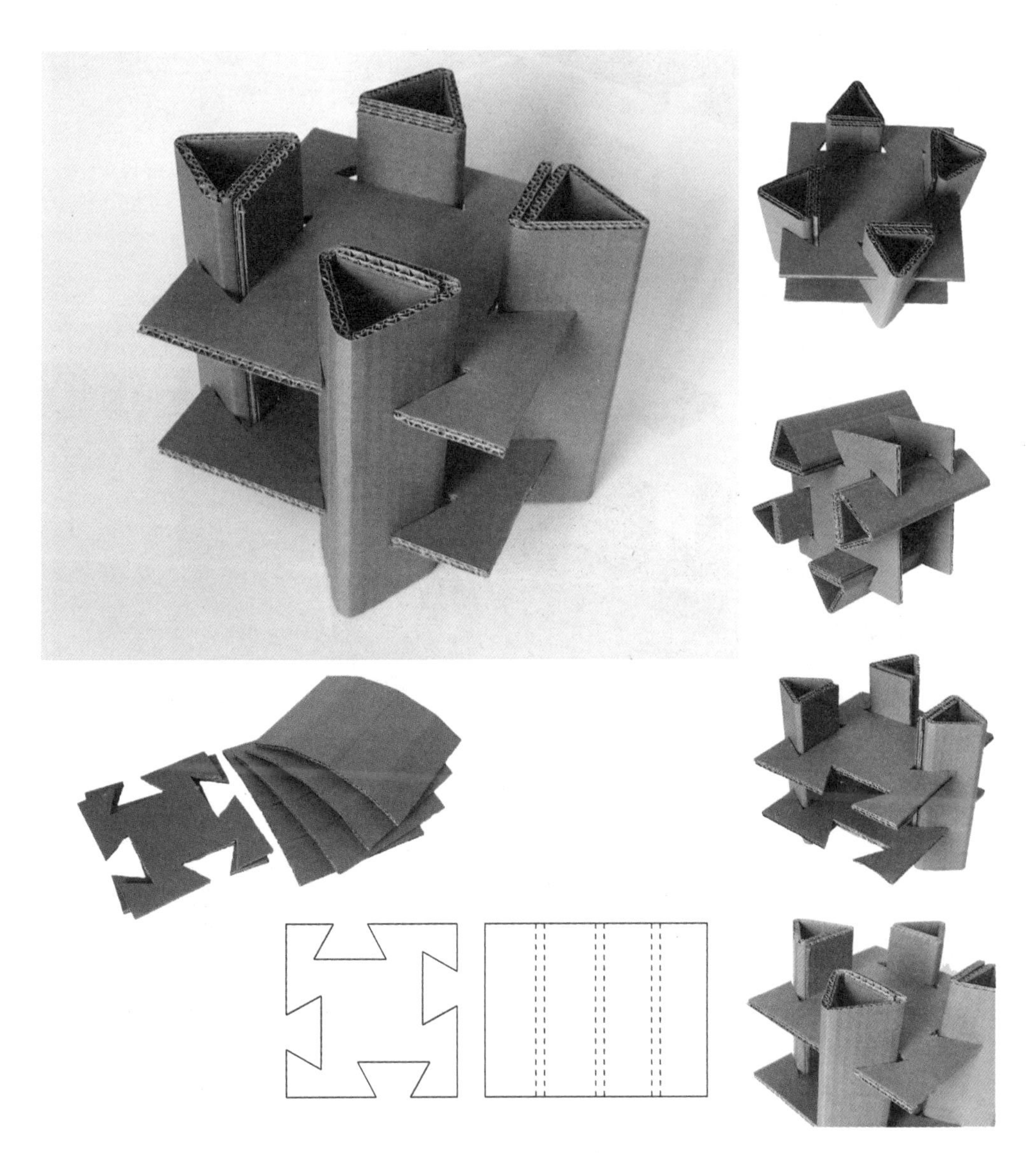

图5-4　连接　设计：蒋静如

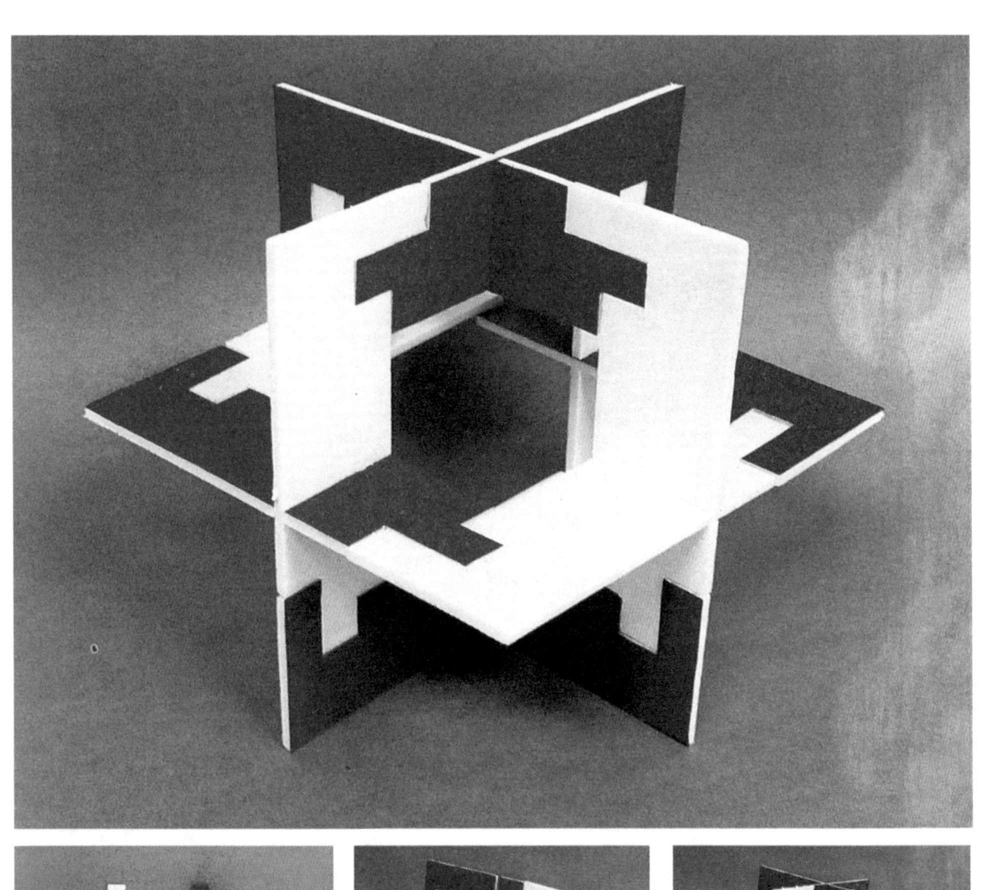

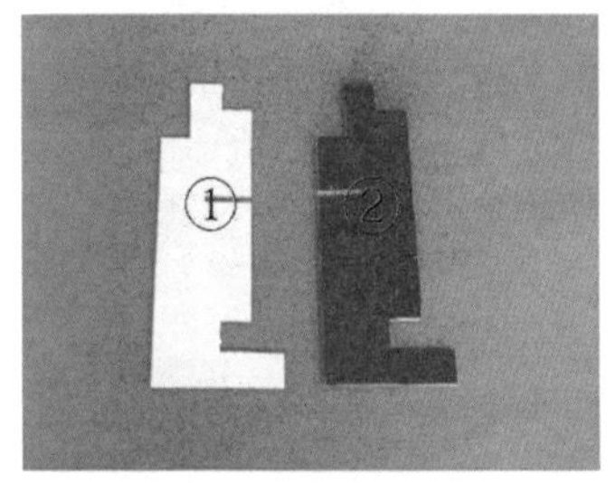

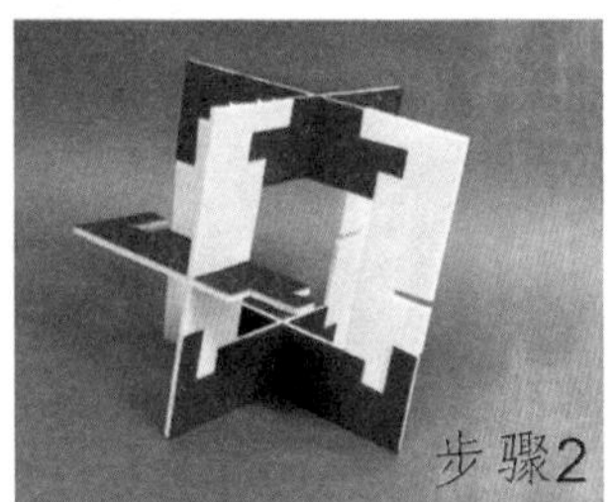

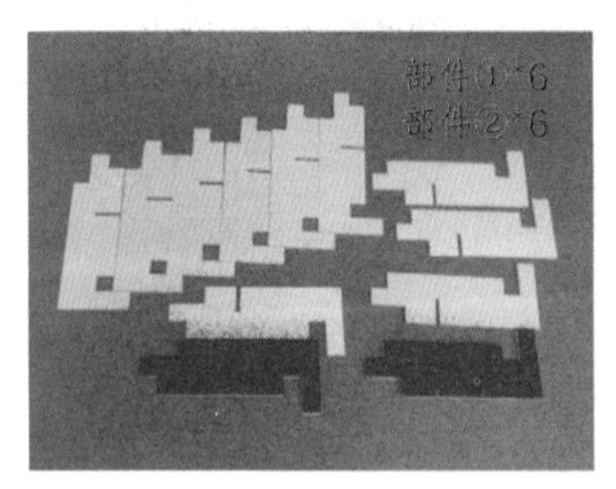

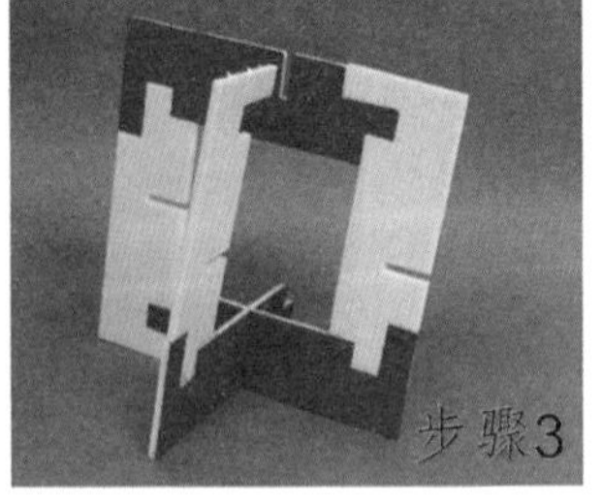

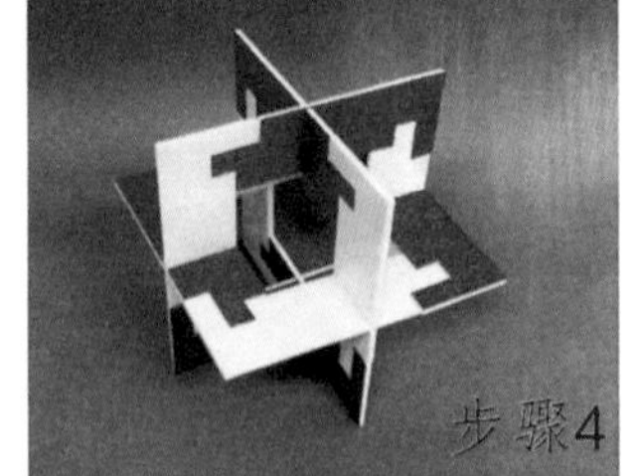

图5-5　连接　设计：过瑶

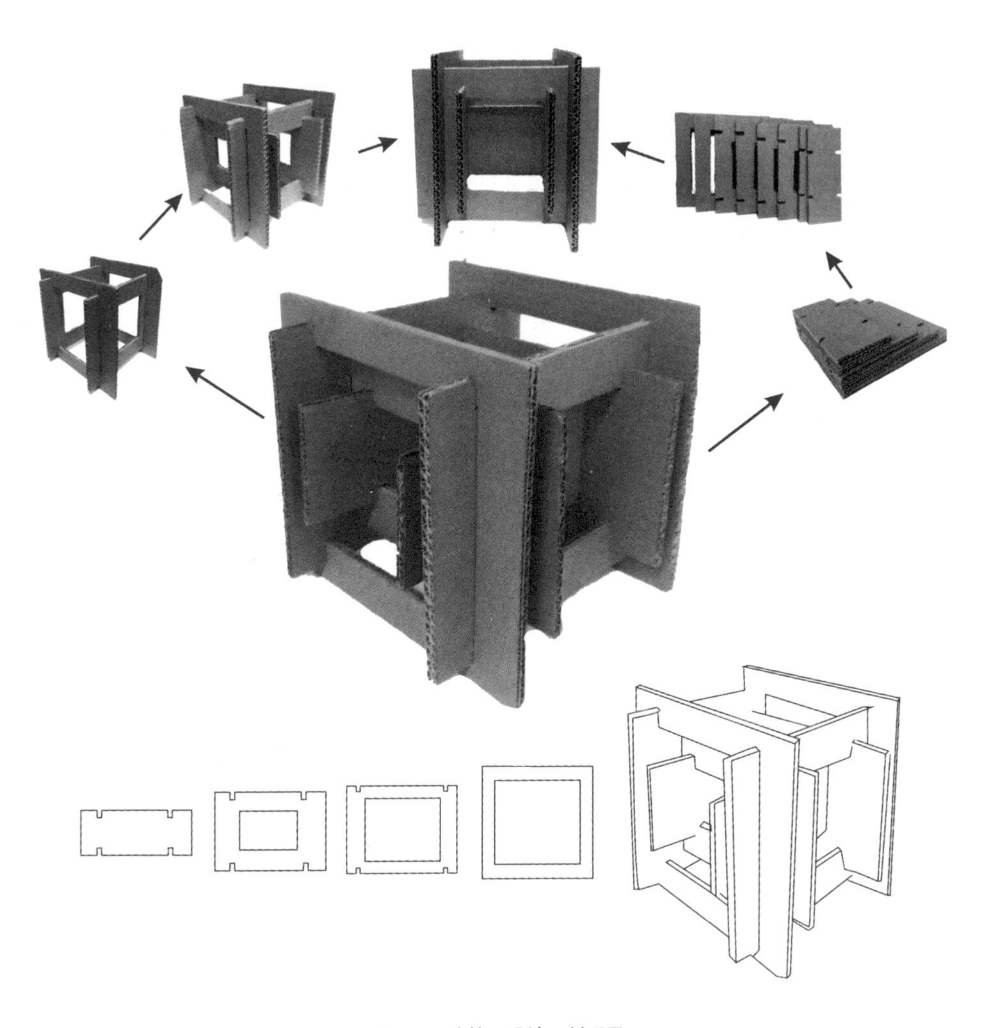

图5-6　连接　设计：刘巧民

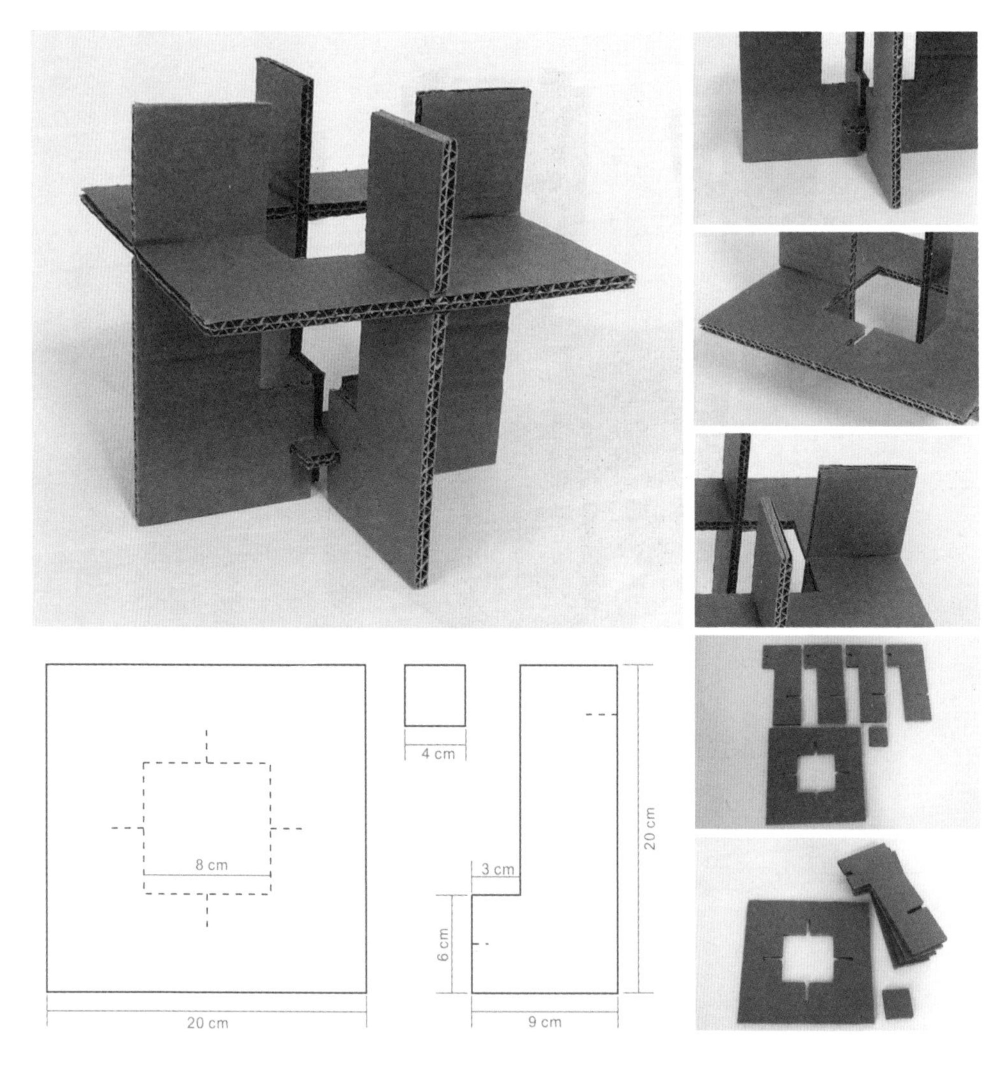

图5-7　连接　设计：翁岚

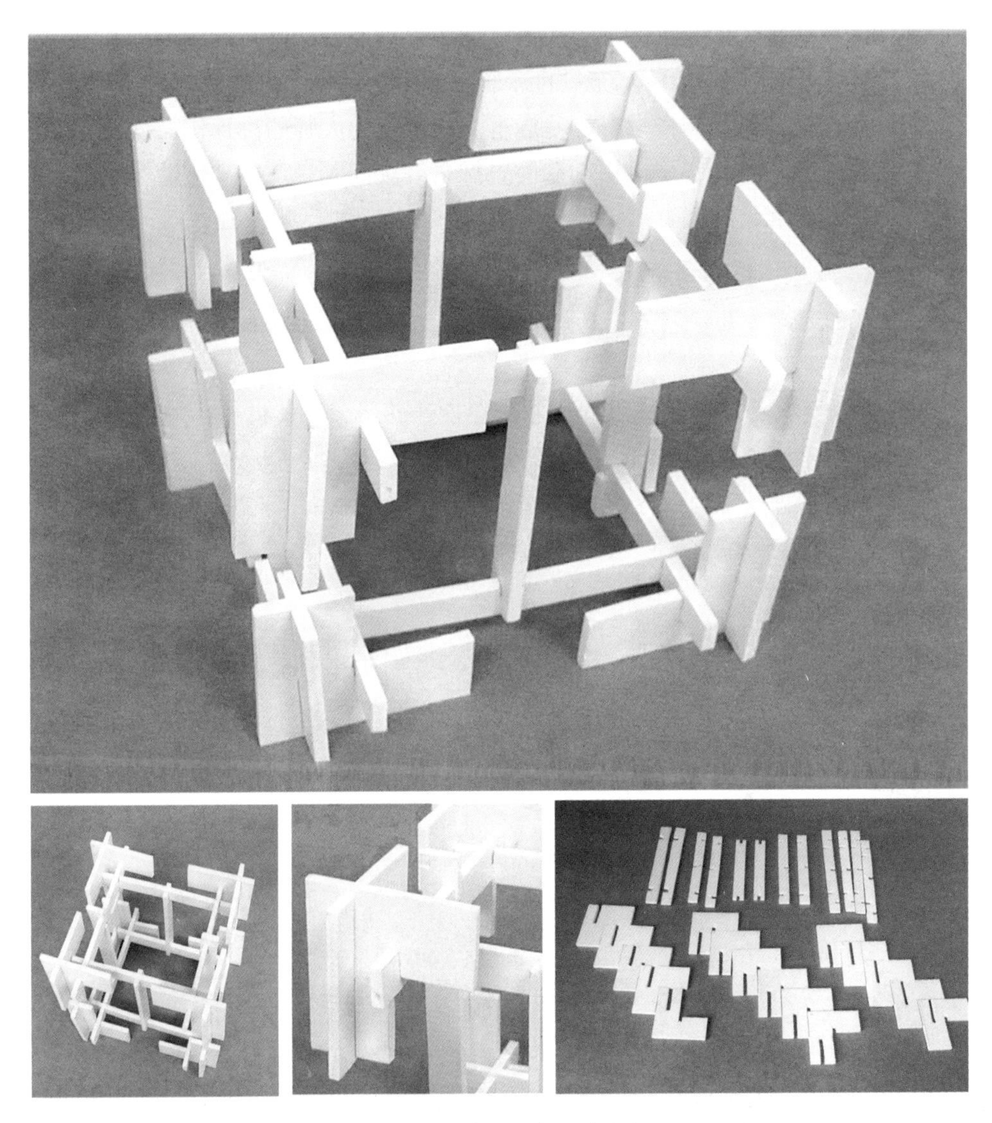

图5-8　连接　设计：吕佩珊

连接课题要求在不使用胶粘剂的前提下，使材料连接起来并能方便拆卸，实际上是要求设计一种“易拆易装”的连接构造。设计要点应该体现在结构巧妙、简洁，用材合理，连接可靠，拆卸方便，方便加工等方面。连接的课题既是基础造型训练，又是在现有条件下寻找可能性的思维练习。同学们的作品基本上达到了课题要求，由于没有一个统一的标准答案（永远也不可能有标准答案），那么如何来评价设计作品同样没有统一标准。一般认为大师的设计作品往往有与众不同的创新特色，譬如善于运用创造性思维去解决问题等，以“创造性地解决问题”作为判别标准，这就点出了设计的本质。

实验课题23：折叠与收纳

· 以自己的宿舍为观察点，从各个侧面来思考收纳的可能性，做一张折叠与收纳的思维导图；

· 以“折叠”为结构特征进行机能造型设计并制作实物模型；

· 要充分体现所选材料的物理和视觉特性，设计合理的构造；

· 原则：省材、结构简练而且巧妙，不得使用胶粘剂；

· 不作材料表面装饰，以材质和结构体现美。

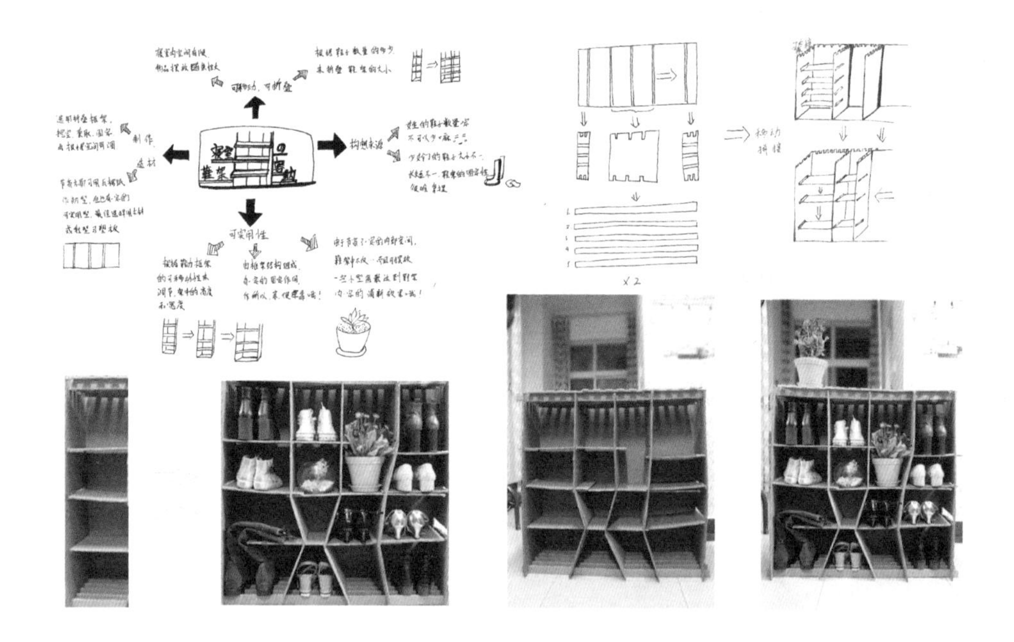

图5-9　大学生宿舍鞋架　设计：马晓曼

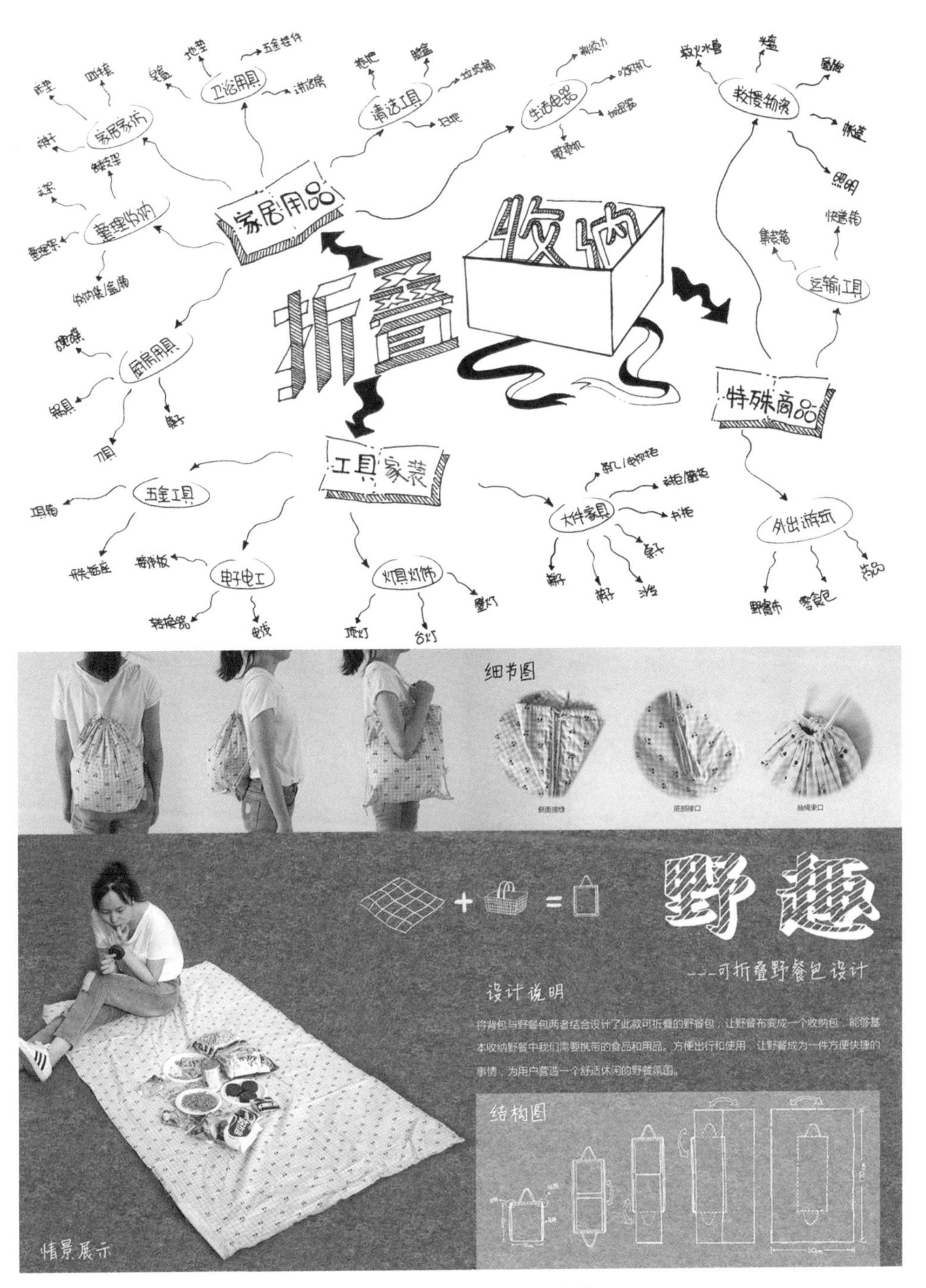

图5-11　野餐包　设计：李敏菡

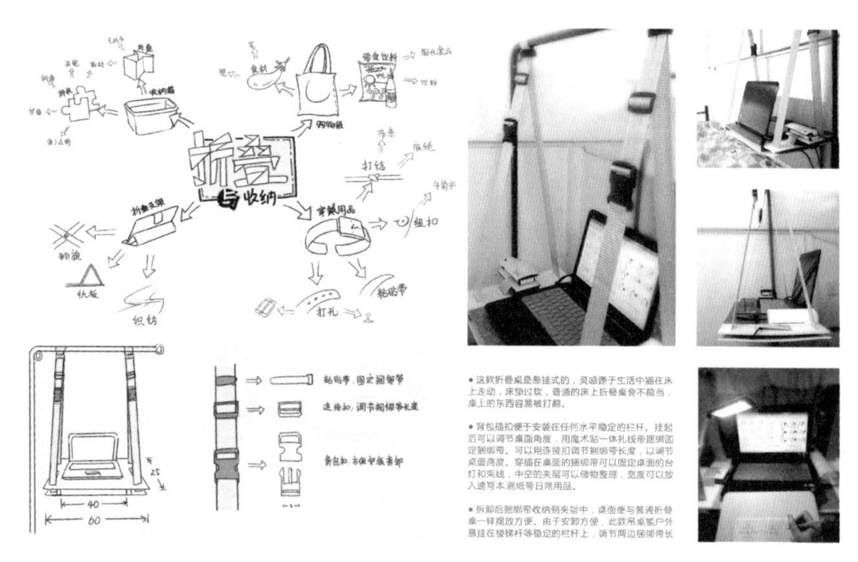

图5-10　悬挂式电脑桌　设计：施玉琼

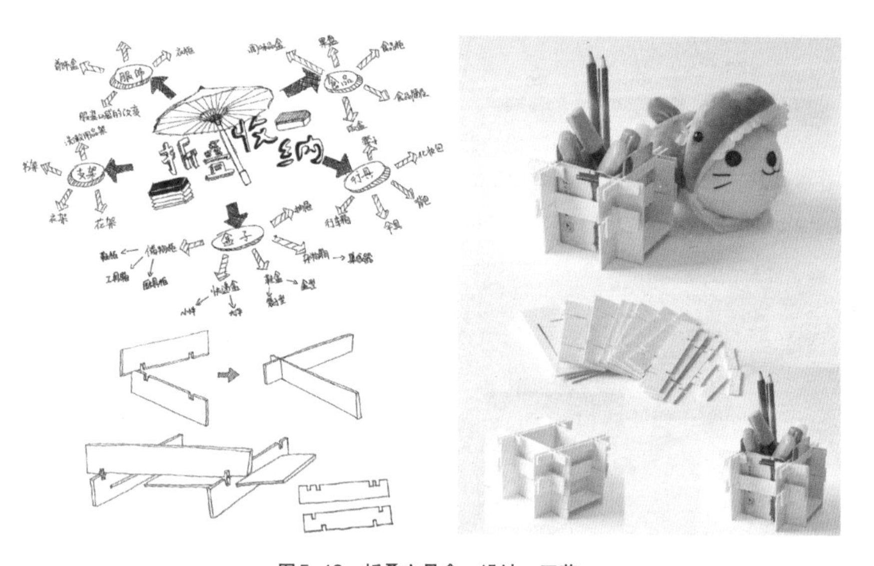

图5-12　折叠文具盒　设计：王茜

作业点评：如图5-9所示的作业，是基于大学生宿舍通常存在的鞋子乱丢乱放的现象，采用废弃的包装箱瓦楞纸设计的一个折叠鞋柜，使每双鞋子都有安放之处。如图5-10所示是学生为自己的生活小空间设计一个装置，在床上能很舒服地使用笔记本电脑，通过巧妙的设计使睡觉、学习两不误。如图5-11所示是用于户外野餐的收纳包，在草地上可以方便地摊开使用。这个课题借助简单的折叠方式解决生活中的某一问题，其设计过程一定不是线性的，是在边观察、边想边画边做的过程中逐步形成的创新设计。如图5-12所示是同学们最愿意设计的文具盒，实用而时尚。

图5-13　折叠文具　设计：邓 森、陈腾、俞江

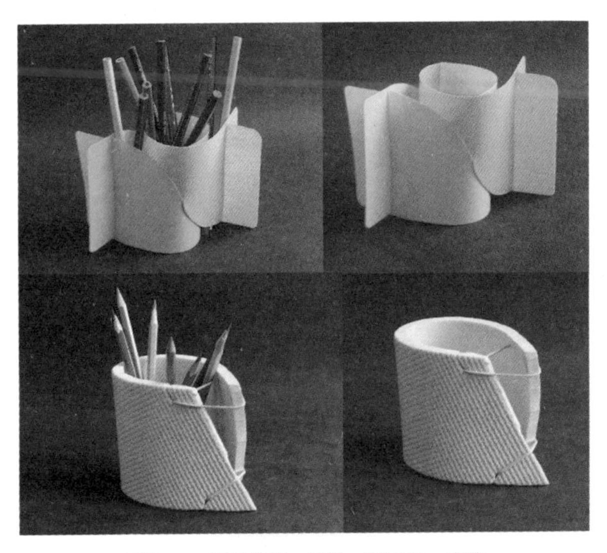

图5-14　折叠笔筒　设计：潘丽丹、李萍

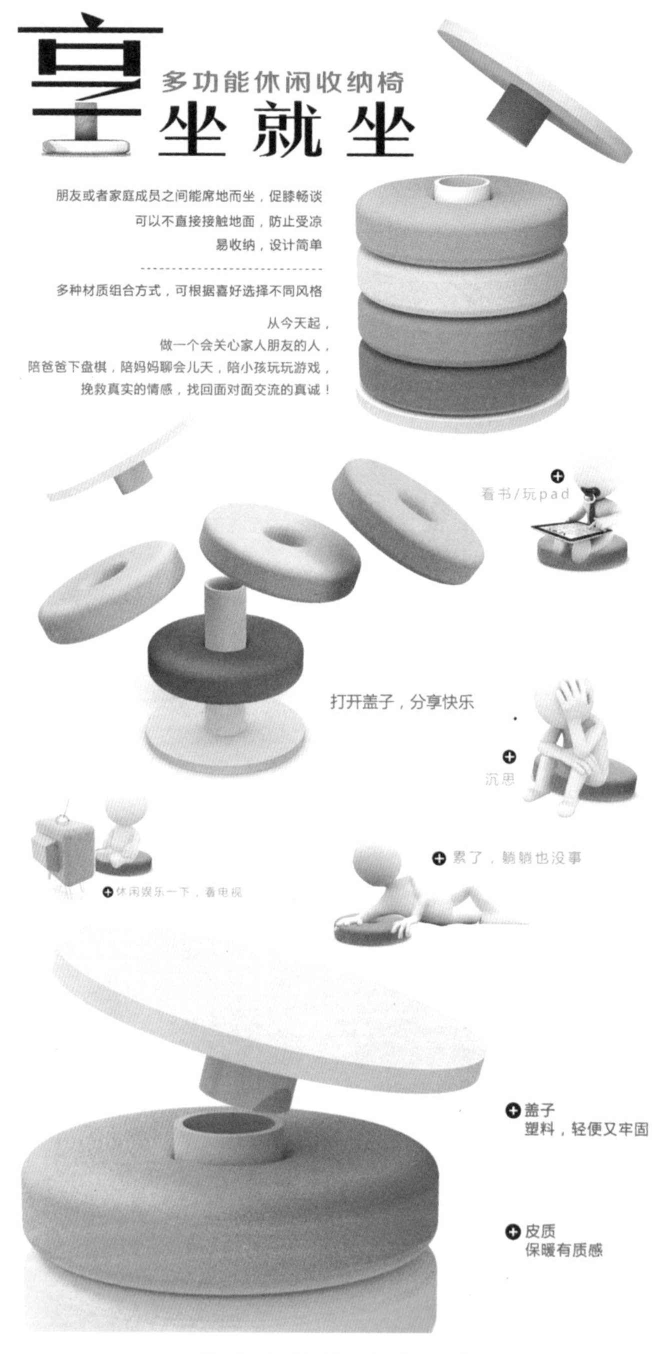

图5-15　享坐就坐　设计：吕静

禅修椅 Meditation Chair

本设计是折叠跪式座具。
跪坐是古代东方人的传统坐姿，其姿态优雅、端庄、宁静、放松身心。

本产品为禅修打坐人士和跪坐者使用，采用天然的竹木材料。对称、极简的形态构成了极具东方风格的艺术造型。其折叠结构方便用户收纳和携带。
端庄优雅，有利于身心放松的跪坐方式是东方文化传统，应该得到传承和发展，为人们的健康生活方式提供一种选择。

采用天然的竹合成板材料，其折叠结构方便用户收纳和携带。

跪式座具的设计依据人体脊椎受力分解原理。采用斜坡面的凳面设计，是为了让脊椎自然挺直，更好的利于身心放松、静心减压、保持注意力。

图5-16　折叠式禅修椅　设计：叶丹

5.2 从实验开始

在中学物理化学课上，我们就开始学习做实验。但这些实验已被无数的重复，其结果明确地写在书上。也许在我们从小形成的概念里，做实验就是要获得与书上一致的正确答案，与书上的结果不一样就是实验失败，还有可能被老师扣分的危险。但这些实验严格意义上讲不是真正的实验，充其量是一种演示，或者说是一种认知手段。实验本身应该包含着结果的不确定性，或者说存在各种可能性。现实中还有一种情况是：大学和研究机构为了争取科研经费，研究人员在做实验之前就对实验结果进行设定，这种也不能算是真正意义上的科学实验。

其实，实验是向未知提问探路的一种方式。一般来说，在预设结果时都希望获得理想的答案。但是，没有出现预设的结果，只能证明我们还没有完全理解问题的实质。就像爱迪生为了找到灯泡中的发光体，尝试了1600多种材料，才找到了金属钨丝。仔细想想，1600多种材料是什么概念？我们能想到的、想不到的爱迪生都尝试了，在成功之前他一直在修正以前所做材料的预期效果，没有前面一千多次的失败就不可能有最后的成功。其实，这一千多次尝试不能被认为是失败，至少尝遍了各种可能性。也许某种材料在灯泡中不能使用，在其他什么地方可以用得上。

不要以为科学研究需要通过一系列实验来验证某个论点，产品设计不全是依靠草图、三维效果图，有些产品的构造设计起主导作用，譬如折叠自行车、遮阳伞等，在设计过程必须经过不断地实验才能完成最终的设计。举一个“家用手动果汁机”的设计开发例子，从中可以看出实验在工业设计中的作用。客户委托设计一种新型的手动家用果汁机，设计师首先考察了市场上已有的家用和专业果汁机，同时做了许多次榨橙子的实验，发现最好的榨汁机构造是专业的曲轴摇板加长臂杠杆，但专业的果汁机对于家用而言体积上过于庞大。于是设计师与工程师一起来解决这一难题：首先，以曲轴摇板为突破口，用塑料片制作一个平面的“卡式机构”来分析运动过程（图5–17）；接下来再制作一个三维的等比例泡沫模型，以此来测试杠杆和果汁机的底盘。然后请了多个年龄段、手形大小不一的人来进行模型实验（图5–18、图5–19）。通过仔细观察实验过程，使设计师产生了一个倒转的曲轴摇板构造，这一创新构造的优势在于：在不损及原构造优势的情况下体积上大为缩小；杠杆的支点置于产品的后面，以此来达到最大的力臂；稳定性则通过小底盘来维系，同时操作过程对于臂力有限的人来说也变得很容易（图5–20）。

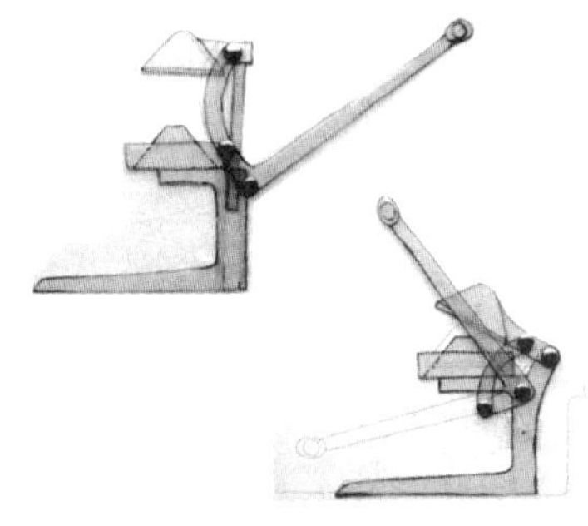

图5-17　对榨汁机曲轴摇柄的运动过程的研究实验

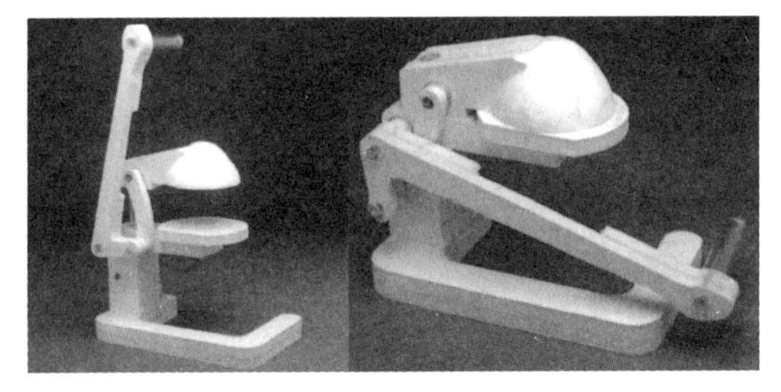

图5-18　用泡沫模型来实验和探求操作方向的变化

图5-19　通过实验来确定榨汁机各部件形态的尺度

图5-20　手动榨汁机

此外，实验是培养设计初学者动手——观察——动脑的过程，可以发掘设计潜能，培养好奇心、激发求知欲。尤其是以互联网和虚拟技术为代表的高科技时代，在某种程度上让人远离“感知”而进入“虚拟”的世界。做设计越来越依赖电脑，将人对触觉的认知压缩到了薄薄的一层晶片。由此带来的后果是未来的设计者没有时间和机会去体验生活中的细微的知觉感受。设计史上最具盛名的包豪斯学院，在设计教育中最重要的举措就是成立了各种设计实验室。就是在看起来设备并不精良的实验室里，诞生了日后成为经典的设计作品：钢管框架的椅子、可调节的台灯、住宅建筑里部分或全部采用的预制构件等（图5-21~图5-24）。更为重要的是，任何一种构想都可以在实验室里得到尝试——从大规模建造的房屋原型到奥斯卡 · 施莱莫的实验性芭蕾舞；从格罗皮乌斯为包豪斯新大楼所做的透明包围式设计到莫霍利 · 纳吉在淡色的蒸汽云上投射电影图像的计划；还有康定斯基和保罗 · 克利的抽象绘画等；当今中国大陆的设计院校开设的平面、色彩、立体构成，也来源于90年前约翰 · 伊顿等人的那场基础教学实验。

图5-21　包豪斯的基础课程实验室

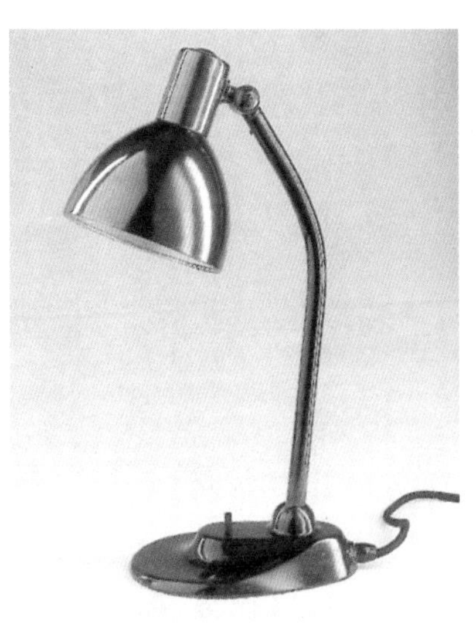

图5-22　包豪斯学生玛丽安布朗在灯具实验室设计的作品（迄今还在生产）

图5-23　包豪斯学生布鲁尔的探索性作品

图5-24　包豪斯学生布朗特在金属实验室设计的金属茶壶

实验课题24：异趣同工

·"异"指发散的设计思维；
·"趣"指艺术语言的表达形式；
·"同工"指材料与工艺的具体呈现；
·以竹材为材料，经过不断实验，体验制作工艺后设计制作一件家具。

图5-25 竹工艺实验

图5-26 制作安装实验

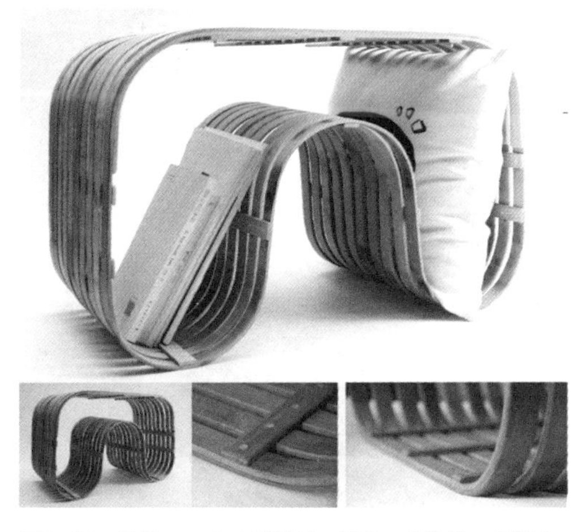

图5-27 竹曲——多功能茶几 设计：应渝杭、王泰吉

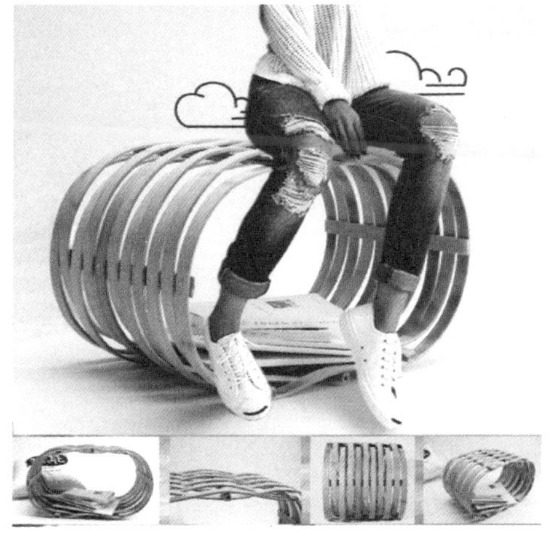

图5-28 云登——多用途坐具 设计：王雯彬、闫星

实验课题25：关爱

·设计关爱生命，设计关爱环境；

·这是设计的使命，也是设计永恒的主题；

·设计源于对人的生存、生命的关爱；

·一切与人生存发展相关的软硬件环境，都构成了今天设计涉及的领域；

·设计在宏观上着眼于人类的发展，在微观上则体现在创造人的更合理生存方式的每一个产品上。

图5-29　爱心宝贝　设计：杨飞 、王莹

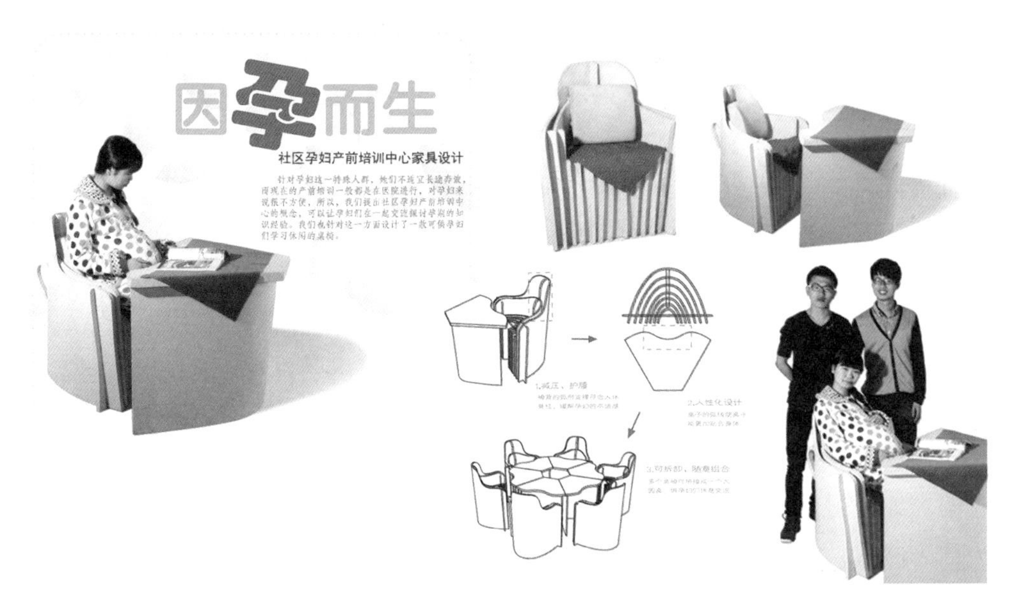

图5-30　孕妇家具　设计：沈莉、严胡岳、汪永清

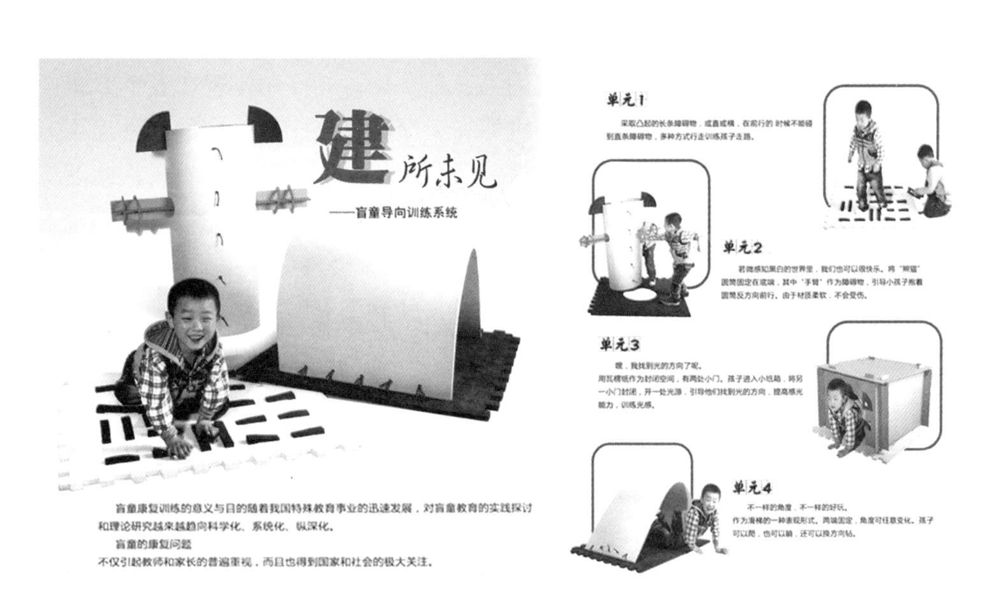

图5-31　盲童导向玩具　设计：孟珈羽、魏曦月、孙樱迪

5.3 设计智慧

设计是人类创造性的活动，凭借其人类特有的想象力和设计思维开创了灿烂的人工世界。设计思维以及对设计思维的研究，近年来受到社会关注。就思维方式而言，设计与科学有什么不同？科学总是和理性、客观规律等概念相联系，而设计被认为是科学与艺术、感性与理性的结合。清华美院柳冠中教授提出了设计是科学、人文之外“人类的第三种智慧”的观点，指明了设计智慧的独特价值。

科学是探索各种事物的本来面目，了解其基本属性和客观规律性，包含两个方面：一是探索事物是怎样的；二是研究事物应该怎样。而“应该”的诉求就要涉及对自然环境和个体的愿望、爱好、要求等。不仅需要自然科学技术，还需要人文科学。将各种因素融合在一起，并能提出可以被评价、检验的对象物，这是一个需要专业知识、审美智慧、创新意识等非线性的复杂过程。如果说科学技术回答“如何制造一个产品”的方法论问题，设计则回答“制造什么样的产品”的解决型问题。在当今社会，产品的制造技术不是大问题，设计什么样的产品才能满足需求成了越来越重要的问题。“设计应当通过在‘主体’和‘客体’之间寻求和谐，在人与人，人与物，人与自然、心灵和身体之间营造多重、平等和整体的关系。”

设计智慧成为科学和人文之外人类的第三种文化，其作用体现在五个方面：

1.设计智慧是和世界的多样性、随机性和无序性等概念相对应的一种思维方式。以还原、分割、有序、理性为基本特征的科学主义思维方式，在总体图像发生变化的当今社会显示出致命的局限。设计思维是一种建立在有机联系基础上的，以真、善、美的和谐统一为旨归的整体性思维，包含理性思维和情感体验。在设计智慧中，不仅真、善、美，各种情意各自找到了充分发展的天地，而且科学思维、理性思维、感性思维、宗教思维、艺术思维也得以相互补充，相互丰富。在设计智慧的观照下，人类将以更灵活开放、更具人文精神、更接近自然的方式造福这个世界。

2.设计思维是整体性和有机性的过程思维。有别于科学研究，设计过程是经验式的认知过程。整体与部分同时出现，同时把握。不用经过先从整体分离出部分，再将部分整合的方式。这种“统觉模式”是较少歪曲事物本性的思维方式。在相关关系重于因果关系、整体性重于精确性的未来社会，更适合这种整体的、非结构化的和非线性的思维方式。如图5–32所示的课程作业就体现出这种统觉思维模式。

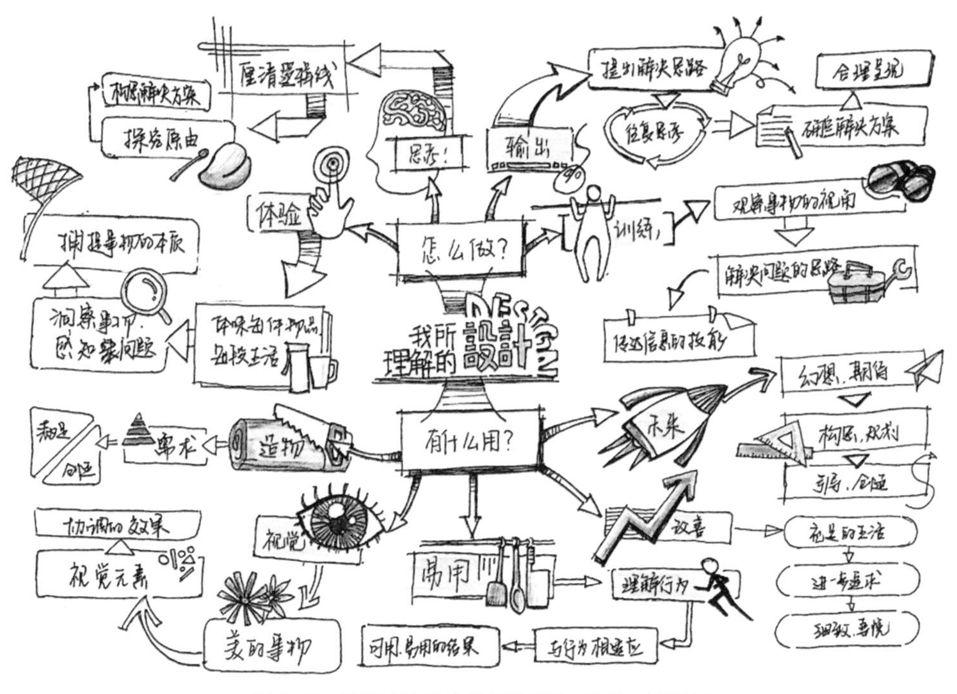

图5-32 “设计是什么”的思维导图　作者：吴胜宇

3.具有实践意义的设计智慧。不同于科学研究追求事物的本真和行为方式的正确性，设计追求创造物的合理性。精心处理人与物的关系，创造人与环境平等整体的相处方式。亚里士多德认为本体只能是个别，知识只能是普遍。设计观念要合情合理地体现在物的每一个侧面和服务领域。通过个体对物的感知与体验，建构人为世界。这种实践智慧具有求善求美，技术和市场所缺乏的道德意识。图5-33和图5-34是要求对生活周围的“弱势人群”调研基础上，发现问题，定义问题，提出解决问题的方案。并用适当材料做出概念模型。在设计过程中实践是非常重要的环节。

4.设计思维具有综合性和协同性。设计思维不仅限于对物的思考，而是从人与物、人与环境、心灵与身体的关系角度重新组织整个系统，是创造人为事物的一种方式。设计因此站在科学技术、人文科学和艺术的交汇处，从物、技术和人自身存在的问题中创造新事物，形成多学科协同整合的创新系统。如图5-35和图5-36所示要求从人与物、人与环境的关系上寻找更为合理的相处方式，并通过对材料、形态的综合思考制作可供测试的原型。

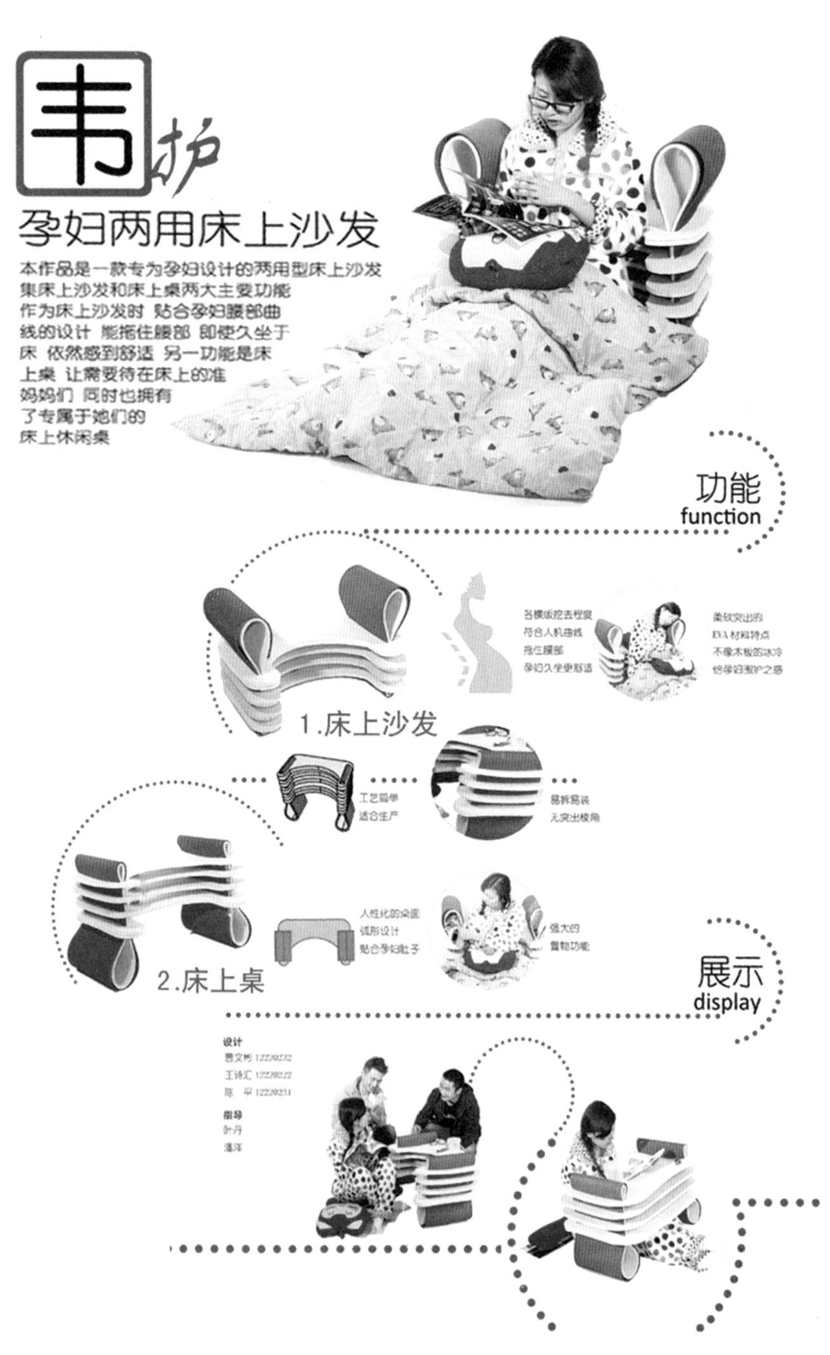

图5-33　孕妇家具　设计：曹文彬、王诗汇、陈平

这是一款集可拆式、储存式、家具式为一体的多功能的游乐具，不仅可以帮助自闭症儿童学习和整理的意识、也有助于他们的智力开发和对色彩的认识能力。

color blocks

自闭儿童拼拆游乐具

认知积木

储物式 □ □ □ ▫ ▫

靠垫内部的三角空
可放置儿童玩具和儿童文具，
外侧的小桌架可放杯子等物件。

▫ ▫ □ □ □ 游乐式

可拆装的书桌和靠垫以及拼图游戏，
有助于培养孩子的动脑和动手能力。

▫ ▫ □ □ □ 家具式

书桌、储物架、垫子三位一体，
形成一个供孩子学习和休闲的小空间

立墙式 □ □ □ ▫ ▫

不用的时候可以立在墙边，
节省空间，也装饰墙面。

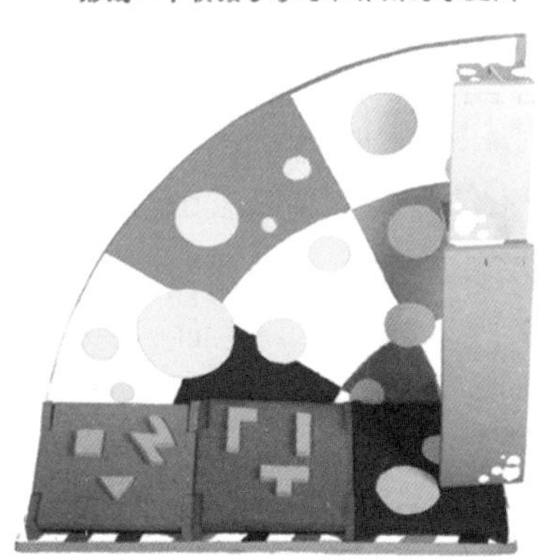

设计团队：陈璐　余怡倩　杨永跑
指导教师：叶丹　曹静

图5-34　自闭症儿童认知积木　设计：陈璐、余怡倩、杨永跑

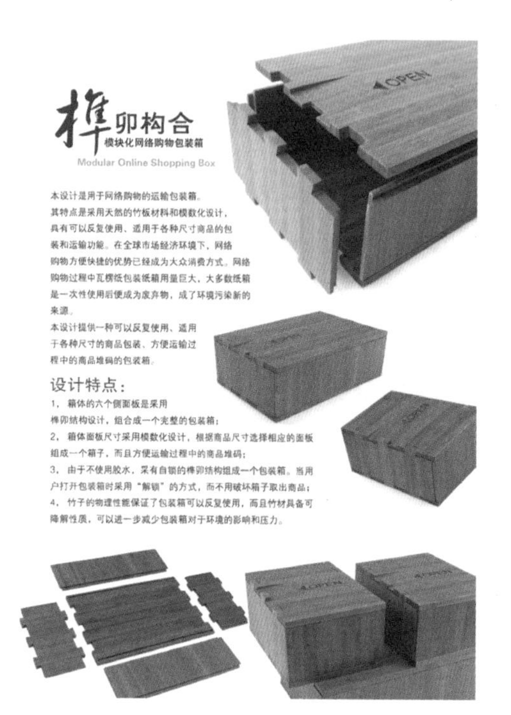

图5-35　模块化网络邮购包装箱　设计：叶丹

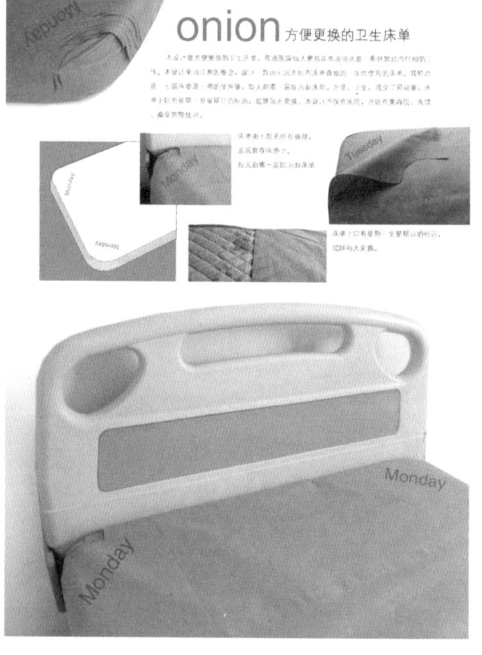

图5-36　方便更换的卫生床单　设计：余鑫翔、何月、吕佩珊、陈志强、吴鑫森

5.设计思维在创新教育中的积极意义。设计涉及人类衣食住行的各个方面，与人的关系最直接、最密切，因而可以从个体感受生活中发现问题，借助设计思维领悟到问题的实质，最终找到个性化的解决方案。尽管这个过程不是依据教科书上的公式原理得出的“正确答案”，恰恰是开启个体心智所呈现的创意。所以，设计教育是培养创造力实现素质教育的较好方式。如图5-37和图5-38所示的课程作业要求用设计思维解决生活中的难题。如图5-37所示是为孕妇、肥胖者、老年人、行动不便的残疾人设计的帮助其穿鞋、脱鞋的鞋拔，如图5-38所示是一款鞋面可拆式休闲鞋设计，可通过拆、装鞋面实现凉鞋与休闲鞋之间的转换，且可以搭配不同风格的鞋面带来个性化的穿着体验。在设计教学中，学生有机会去关注周围的人，并鼓励学生运用个性化的解决方案，在设计思维中不存在正确的答案。

人类科学文化可以概括为两种方式：发现和发明。科学是探索发现事物的本质属性和客观规律性；而发明是运用科学原理提出人类所需求的事物、制度和方

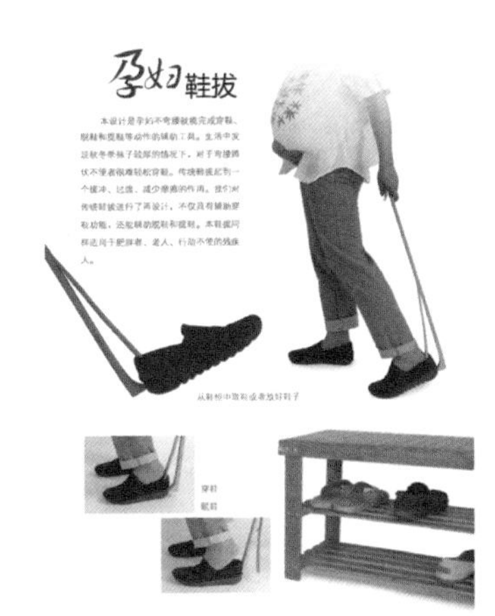

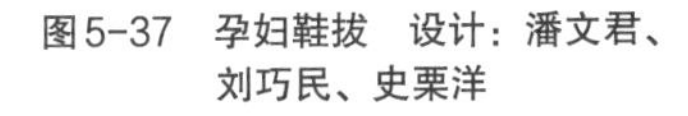
图5-37 孕妇鞋拔 设计：潘文君、刘巧民、史栗洋

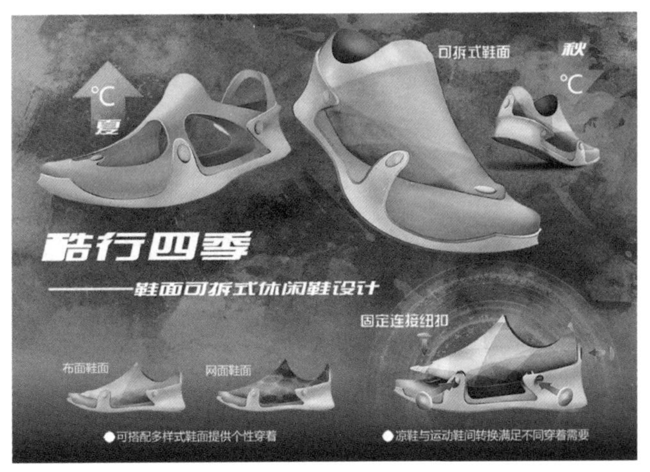

图5-38 酷行四季 设计：陈宇钊、王茜、李敏菡

法等。前者是揭示已有事物的属性，而后者是创造未有的事物。两者都需要智慧和创造性思维，其作用互相不可替代。科学文化改变了自然世界，创造了人为世界，人类也面临着更多的问题。设计思维不仅是对物的思考，而是从人与物、人与环境、心灵与身体的关系角度重新组织这个世界。设计因此站在科学技术、人文科学和艺术的交汇处，解决人、技术和环境中的问题。

参考文献

1 [美]克莱尔·沃克·莱斯利，查尔斯·E·罗斯.笔记大自然[M].表子译.上海：华东师范大学出版社，2008.

2 [美]Eric Jensen.适于脑的策略[M].北京师范大学“认知神经科学与学习”国家重点实验室脑科学与教育应用研究中心译.北京：中国轻工业出版社，2006.

3 [瑞士]皮亚杰.发生认识论原理[M].王宪钿等译.北京：商务印书馆，1997.

4 [美]S·阿瑞提.创造的秘密[M].钱岗南译.沈阳：辽宁人民出版社，1987.

5 [美]R·H·麦金.怎样提高发明创造能力[M].王玉秋等译.大连：大连理工大学出版社，1991.

6 [日]宫宇地一彦.建筑设计的构思方法[M].马俊，里妍译.北京：中国建筑工业出版社，2006.

7 [美]Eric Jensen.艺术教育与脑的开发[M]. 北京师范大学“认知神经科学与学习”国家重点实验室脑科学与教育应用研究中心译.北京：中国轻工业出版社，2005.

8 [美]鲁道夫·阿恩海姆.视觉思维[M].滕守尧译.北京：光明日报出版社，1986.

9 [英]东尼·博赞.思维导图[M].周作宇等译.北京：外语教学与研究出版社，2005.

10 [美] 诺曼·克罗，保罗·拉索.建筑师与设计师视觉笔记[M].吴宇江，刘小明译.北京：中国建筑工业出版社，1999.

11 [英]布莱恩·劳森.设计思维——建筑设计过程解析[M].范文兵译.北京：知识产权出版社·中国水利水电出版社，2007.

12 刘道玉.创造思维方法训练[M].武汉：武汉大学出版社，2009.

13 傅世侠，罗玲玲.科学创造方法论[M].北京：中国经济出版社，2000.

14 柳冠中，综合造型设计基础[M].北京：高等教育出版社，2009.

15 冯崇裕，卢蔡月娥，[印]玛玛塔·拉奥.创意工具[M].上海：上海人民出版社，2010.

16 罗玲玲.建筑设计创造能力开发教程[M].北京：中国建筑工业出版社，2003.

17 [美]盖尔·格里特·汉娜.李乐山译.设计元素[M].北京：知识产权出版社·中国水利水电出版社，2003.

18 范圣玺.可能的设计[M].北京：机械工业出版社，2009.

19 [美]劳拉·斯莱克.什么是产品设计[M].刘爽译.北京：中国青年出版社，2008.

20 于帆，陈嬿.仿生造型设计[M].武汉：华中科技大学出版社，2005.

设计思维实验丛书

后 记

设计思维是有别于科学思维的另一种思维方式。早期人类用石头制作狩猎工具就是设计思维所为。设计思维的当代含义是借助知觉、想象力、模式识别能力，构建有情感意义的、功能性的创意，并通过图形、文字、符号和原型表达的思考方式。

科学是描述、理解和发现事实，工程是解决事先给定的问题，而设计是构想可选择的事实和价值。设计思维是探寻各种可能性，以寻求不同的解决方案的过程：包含感知、设想和构成三个要素。“感知”是为了发现问题并寻找解决问题的认知途径；“设想”是生成与激发创意；而“构成”则是将创意视觉化，变成可供测试、优化和改进的物品或服务的过程。

设计思维过程中的知觉、想象力和实验，三个要素缺一不可。我们从小形成的概念，做实验是要获得与书上一致的结果，不一致就是失败，这类实验只是验证手段。只有包含结果的不确定性，实验才能激发学生探索未知的激情。也只有在感知过程中才会遇到意想不到的问题，才能引发好奇心，遇到挑战，产生创造动力。“设计思维实验教学丛书”的写作理念和内容是通过原理和大量的课题来引发学习者观察、想象和动手实验的学习热情。本套丛书可以作为工业设计和产品设计等专业基础课程的教材和参考用书。

《用眼睛思考》和《设计思考》自2011年出版以来，由于其基础研究性和良好的教学设计受到了国内高校工业设计专业同行的认可，并被众多院校选为教材。本次修订是在原书基础上增加和更新了研究课题和实验项目。

《构形原理》和《构造原理》对应于工业设计和产品设计的基础课程。我们曾经把形态、结构、构造、工艺、美感等概念当作知识点灌输给学生，而当这些知识在互联网上都能找到，并有大量概念条目可查询的时候，传统教学模式遭遇了挑战。形态、构造原理是知识，而在运用过程中却是思考方式和工具，学会选择和判断成为设计思维能力的关键。这两本书编入“设计思维实验教学丛书”，其教学设计是通过书中大量的实验课题去思考和活化知识。在现实教学环境下，让学生在思考——动手的过程中学习。思考不仅是动脑，动手是更有效的思考。丛书提供了大量的教学案例。

在编写过程中有两件事对写作产生激励作用。一件是世界著名工业设计教育家、德国斯图加特国立造型艺术学院原院长克劳斯·雷曼教授在中国出版了新书《设计教育 教育设计》。早在20世纪80年代末就聆听过雷曼教授设计基础教学的讲座，当面请教过具体的教学问题。可以说本套书的教学理念深得雷曼教学思想的影响：“鼓励全新的视觉探索与认知行动。通过亲手做实验，学生们形成了适用于个人和普遍情况的知识储备，即在动手中学习。通过做演示与讨论的过程，他们能够发展并归纳出评价工作形成和结构的一套标准，并且获得发展自身语言能力和批判性思维能力的机会。”在此感谢雷曼教授二十多年来对中国设计教育言传身教式的指导帮助。

另一件事是2016年11月14日，芬兰赫尔辛基教育局发文废除中小学课程式教育，采取实际场景主题教学。这种“现象教学法”（Phenomenon Method）从根本上颠覆了知识传授的传统教学方式，把认知作为教育核心，帮助学生形成自己的主见。教学目标的选择，更多地来自日常所能接触到的“现象”。教学任务更加生活化和情景化，有助于学生体认和理解。笔者认为这些理念与雷曼教授的教学思想以及清华美院柳冠中教授的“事理学”有着内在的联系。即强调对生活的体验、思维的扩展、方法的选择和对问题的分析和归纳。这与本套丛书中大量的教学案例背后的理念相符。

在写作过程中，作者有幸得到杭州电子科技大学同道的鼓励与支持，正是他们为学校营造了适宜教学研究和交流环境，使我能够持续十多年专心致志地沉浸于基础教学研究之中，没有他们的鼎力支持就不可能完成写作。在此，特别感谢工业产品设计教学省级示范中心主任陈志平教授，以及设计系教师潘洋、董洁晶、蒋琤琤、张祥泉、刘星、陈炼、张振颖、曹静等对基础设计教学的参与。特别感谢中国建筑工业出版社李东禧编辑长期可贵的支持！

限于笔者的学识水平，本书不可避免地存在不足之处，恳请专家学者批评指正。

叶 丹

2017年元旦于杭州下沙高教园区